中华经典家训

杨宪福◎主编

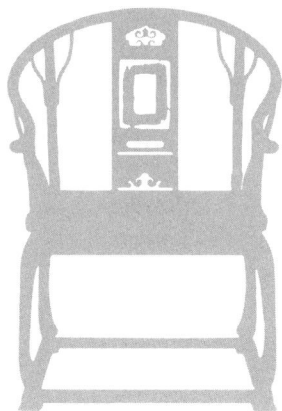

中国出版集团 | 全国百佳图书

中国民主法制出版社 | 出版单位

中共济宁市委党校教材编撰委员会

主　　任: 李艳华

副 主 任: 王　峰　　胡克军　　张廷栓　　马　勇

委　　员: 张传书　　黄广灿　　周　军　　王新华　　贺庆鸿

本书编写人员

主　　编：杨宪福

副 主 编：范娅洁

编写人员：孙胜楠　冯露露　鹿诚诚　孔明慧　宋　滨

　　　　　马运祯　韩文霞　杨宪章　周长青　郭建杰

　　　　　王兆响　汪孔梅　聂远远　贺　彬　王广陆

　　　　　王夫珍　于　涛　高维东　司英栋　付　娜

图书在版编目（CIP）数据

中华经典家训/杨宪福主编. —北京：中国民主法制出版社，2025.4. —ISBN 978-7-5162-3890-5

Ⅰ.B823.1-49

中国国家版本馆CIP数据核字第2025PL8845号

图书出品人：刘海涛
出版统筹：石　松
责任编辑：张佳彬　姜　华
文字编辑：高文鹏

书　　名/中华经典家训
作　　者/杨宪福　主编

出版·发行/中国民主法制出版社
地址/北京市丰台区右安门外玉林里7号（100069）
电话/（010）63055259（总编室）　63058068　63057714（营销中心）
传真/（010）63055259
http：//www.npcpub.com
E-mail：mzfz@npcpub.com
经销/新华书店
开本/16开　710mm×1000mm
印张/24　　字数/230千字
版本/2025年4月第1版　　2025年4月第1次印刷
印刷/北京中科印刷有限公司

书号/ISBN 978-7-5162-3890-5
定价/78.00元

　　天下之本在国，国之本在家。在中华文明的漫长进程中，家庭家教家风建设始终居于重要地位，其影响既深且远，不仅关乎家庭兴衰，更与国家的繁荣稳定、社会的和谐有序以及个人的健康成长紧密相连。

　　在中国传统观念里，家国一体、家国相通。人自出生便归属于家庭，在家庭环境中开启对世界的认知，家庭所赋予的价值认知和行为习惯，会在个人步入社会、参与工作时充分展现。众多家庭的家风汇聚，形成了中华民族大家庭的家风，进而孕育出良好的社会风尚。家风建设的重要性，是由中国传统文化的特质决定的。与世界上的其他文明不同，中华文明高度重视家庭，将家庭伦理与社会、政治伦理有机融合。"爱"与"敬"是个人私德修养和社会公德弘扬的核心要素，孔子强调"立爱自亲始""立敬自长始"，儒家将孝悌视为"为人之本"，这都凸显了家风建设在社会建设中的基础性和关键性作用，它是社会和谐、国家昌盛的根基。

家庭建设并非小事，而是国家治理的重要部分。以孝悌为家庭伦理根基，推衍出"爱"与"敬"的社会道德，进而培养对社会、对国家的责任担当，这是一个层层递进的过程。社会道德建设需要凝聚各方力量，培育道德家教家风，以道德榜样引领社会风尚。在"四德"教育中，"个人品德"至关重要，好家风以道德为底色。家风建设要为青少年铺染道德底色，要营造和睦的家庭氛围，而这一切都基于个人品德的培育与提升。

文化的本质在于弘扬大道、彰显美德，优秀传统文化追求人心和顺、社会和谐。它要求人们讲信修睦、修身克己、以礼规范言行。在当今时代，传播弘扬传统文化，要将其融入国民教育的各个阶段和层面，而明理教育是关键。礼即理，开展明理教育，能引导人们树立规则意识和秩序意识，在面对生活中的各种选择时坚守道德，彰显共同体意识。

良好家风是中华优秀传统文化的重要体现。新时代，家风建设要以文化自觉为基础，不断注入新的时代内涵。深入了解传统文化，挖掘家训文化的精华，能让其在当代焕发生机。要借鉴前人家训智慧，结合时代和家庭实际，树立特色家训，弘扬仁义礼智、孝悌忠信等精髓，引导家庭成员树立正确的价值观，培养感恩、友爱和敬畏之心，使他们在面对复杂社会现象时能明辨是非。

孔子和先秦儒家强调家庭伦理的基础作用，历史上众多优秀家训、家规和家风，沉淀着传统文化的智慧，记录着历代贤人的思考。它们不仅是家族子孙修身立德的准则，还能为社会提供道德规范和行为示范。作为长辈对子孙的垂诫与训示，家训有着悠久的历史，且在不同时期呈现出不同特点。西周时期，家训在礼乐制度逐渐建立的背景下开始萌芽；两汉时期，融入儒家理念逐渐成形；隋唐时期，内容丰富多样走向成熟；宋元时期，因印刷术的发展迎来繁荣；明清时期达到鼎盛；新中国成立至今，依然发挥着积极作用。

家训是家庭的核心价值观，家规是家庭的"基本法"，家风是家族长期沉淀形成的家庭文化。三者是中华优秀传统文化的重要组成部分，涵盖道德教育、人格培养等多方面，核心在于道德和人格教育，其作用不可估量，能规范家庭成员行为，培育良好社会风气，稳定社会秩序，是国家法律的重要补充。

新时代，家风的意义和价值愈发凸显。它与个人、家庭的得失荣辱相关，更与党风、政风和民风紧密相连。家风影响干部作风，良好家风能促使干部廉洁奉公，不良家风则可能导致干部腐败。同时，家风连着党风、政风，良好家风为党风、政风建设提供支撑；家风还连着社会风气，好家风承载着传统文化和道德，是社会主义核心价值观的直观体现，能在潜移默化中教育、约束和激励人们。

王锡爵家族在家训的跋中写道："一时之语，可以守之百世；一家之语，可以共之天下。"这句话体现了家训跨越时空的价值。为传承优秀家训文化，弘扬传统美德，践行社会主义核心价值观，杨宪福先生精心挑选 140 余则经典家训编纂成书。希望读者能从中汲取智慧，在家庭建设中传承优良家风，让家训文化在新时代绽放光彩，为实现中华民族伟大复兴的中国梦贡献家庭的力量。

杨朝明

山东大学儒学高等研究院特聘教授

中国孔子研究院原院长

2025 年 4 月 5 日

目 录

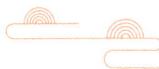

第二章
秦汉经典家训

第三章
三国两晋南北朝经典家训

第六章
明代经典家训

第七章
清代经典家训

**第九章
新中国
经典家训**

第一章

先秦

经典家训

先秦是指秦王嬴政统一中国以前的历史时期，即从远古到公元前221年。这一时期，文献较少，且许多文献还是后人假托上古圣贤而作。公元前1046年，周王朝建立后，实行宗法分封制，以血缘为纽带，构筑了家国一体的政治结构。这种政治结构意味着治国就是治家，治家就是治国。为了延续家族的繁荣、提升家族的地位，王室、诸侯、士人都非常重视对子孙的训诫，着力培养优秀的接班人，家训逐渐增多。

这一时期的家训一般没有独立成书，而是散布在各类文献中。从传授者身份看，有王室家训、诸侯家训、士人家训等，内容涵盖敬德保民、礼贤下士、勤政慎行、修身养性、知书识礼、以忠孝为本、知稼穑艰难等。

黄帝：慎言

古之慎言人也。戒之哉！无多言，多言多败；无多事，多事多患。安乐必戒，无所行悔。勿谓何伤，其祸将长；勿谓何害，其祸将大；勿谓不闻，神将伺人，焰焰不灭，炎炎若何；涓涓不壅，终为江河；绵绵不绝，或成网罗；毫末不札，将寻斧柯。诚能慎之，福之根也。口是何伤？祸之门也。强梁者不得其死，好胜者必遇其敌。盗憎主人，民怨其上。君子知天下之不可上也，故下之；知众人之不可先也，故后之。温恭慎德，使人慕之；执雌持下，人莫逾之。人皆趋彼，我独守此；人皆或之，我独不徙；内藏我智，不示人技；我虽尊高，人弗我害。谁能于此？江海虽左，长于百川，以其卑也。天道无亲，而能下人。戒之哉！

——黄帝：《金人铭》

家训由来

黄帝是中国远古时代华夏民族的共主，五帝（有说是黄帝、颛顼、帝喾、尧、舜；也有说是太昊、炎帝、黄帝、少昊、颛顼）之一。少典与附宝之子，本姓公孙，后改姬姓，居轩辕之丘，号轩辕氏，建都于有熊，亦称有熊氏，因有土德之瑞，故号黄帝。相传黄帝诞辰是农历三月初三（谚曰：二月二，龙抬头；三月三，生轩辕）。黄帝奠定中华，肇造文明，以德治国，惜物爱民，被后人尊为"人文初祖"。

译文

这是古时教人说话要谨慎的人。要引以为戒啊！不要多说话，话说多了可能会影响事情的成功；不要多生是非，是非多了就会招来很多祸患。不要贪图安乐，免得事后懊悔。不能认为多说话对人没有什么伤害，很可能产生祸患；不能认为多说话对人没有什么祸害，祸患可能会越来越大；不要认为别人听不到，说过的话神人都会听到，上天会在暗中窥视人类。小小的火苗不及时扑灭，对于可能形成的熊熊大火怎么办？细小的水流不及时堵塞，最终会形成江河；微小的物质连续累加，可能成为一张大网；幼小的枝杈不及时削剪，来日只有用斧头才能砍掉。确实做到谨慎从事，才是幸福的根源。口有什么坏处？它是招祸之门。强横的人没有好结果，好胜的人一定会碰到对手。

盗贼习惯偷偷地妒忌拥有财富的人，百姓憎恶权贵。贤明的君主必须懂得，所有人都不喜欢别人处在自己上边，所以要礼贤下士；要懂得大多数人都不喜欢别人超过自己，所以要先人后己。温和恭敬，谨慎积德，就能让人仰慕；要以雌伏的心态屈居人下，这样就没有多少人能超越你了。即使人们都走向另一个方向，我仍然独自坚守这个正道；即使人们对这个问题存有疑惑，我也会不改初衷，坚守初心。要把智慧潜藏于心，绝不在人前炫耀，也不在人前耍小聪明。我虽然处在尊贵的高位，却没有人忌妒。谁能这个样子呢？大江大海可能流向相反，可是与众多的小河流相比，它的长处在于能以博大的胸怀容纳百川，这是因为它处在相对低下的位置。上天行事不分亲疏，却对人谦恭。一定要记住这个训诫啊！

读与思

　　本家训选自《说苑》。《说苑》又名《新苑》，古代杂史小说集。西汉刘向编，按类记述春秋战国至汉代的遗闻轶事，其中以记述诸子言行为主，不少篇章中记载了关于治国安民、家国兴亡的哲理格言。《说苑》主要体现了儒家的哲学思想、政治理想和伦理观念。

　　本家训名为《金人铭》。《金人铭》是《黄帝铭》（已亡佚）六篇之一，是我国目前最古老的完整文献之一。"慎言"即"良言"。慎言不是不能说话，而是指说话必须经过思考，说出的话必须利于社会大众，千万不能什么话都说。孔子也再三强调慎言、讷言，如"敏于事而慎于言"（《论语·学而》），"君子欲讷于言而敏于行"（《论语·里仁》）。另外，铭中所说"强梁者不得其死，好胜者必遇其敌"的告诫，发人深省。总之，为人、处事、为政，必须言语谨慎，决不能信口开河。

《周易》：正家而天下定

《象》曰：家人，女正位乎内，男正位乎外；男女正，天地之大义也。家人有严君焉，父母之谓也。父父，子子，兄兄，弟弟，夫夫，妇妇，而家道正；正家而天下定矣。

——《周易·家人卦》

家训由来

本文选自《周易》。《周易》曰："立天之道，曰阴与阳；立地之道，曰柔与刚；立人之道，曰仁与义。""积善之家必有余庆，积不善之家必有余殃……"

译文

《象传》说：家庭成员之间，女主人居正之位在内，男主人居正之位在外；男女主人在家庭内外各有其正当的地位，这是天地之间人们必须遵循的原则。家庭中应该有严厉端正的长辈，这就是父母啊。父亲有其责，孩子有其责，兄长有其责，弟弟有其责，男人有丈夫的职责，女人有妻子的妇道，各司其职，各尽所能，那么家道自然就端正了。家道端正，天下也就安定了。

读与思

《周易·家人卦》特别注重女主人在家中的作用，如果女主人能够坚守正道，始终如一，将会非常有利。《周易·家人卦》还强调，家庭成员要各安其位，各司其责，找准自己的位置，做好自己的工作，尽到自己的责任。

《周易》包括《经》和《传》两部分。《经》主要是六十四卦和三百八十四爻，卦和爻各有说明，即卦辞、爻辞，作为占卦之用。一般认为，《经》为周初周人所作，重卦出自文王之手，卦辞、爻辞为周公所作。《传》包括《文言》、《彖传》（上、下）、《象传》（上、下）、《系辞传》（上、下）、《说卦传》、《序卦传》、《杂卦传》，共七种十篇，称为"十翼"，是孔子及孔门弟子对《周易》经文的注解和对筮占原理、功用等方面的论述。《周易》为"六经之首"，是中国传统思想文化中自然哲学与人文实践的理论根源，是中华民族思想、智慧、哲学的结晶，被誉为"大道之源"。

周公：先知稼穑之艰难

周公曰："呜呼！君子所其无逸。先知稼穑之艰难，乃逸则知小人之依。相小人，厥父母勤劳稼穑，厥子乃不知稼穑之艰难。乃逸乃谚既诞，否则侮厥父母，曰：'昔之人无闻知。'"

——《尚书·无逸》

家训由来

本文出自《尚书·无逸》，周公所作。周公，姓姬，名旦，是周文王姬昌的第四子，周武王姬发的弟弟，辅佐周武王攻灭商纣王，建立周朝，并制礼作乐，建立典章制度。因其采邑在周，爵为上公，故称周公。

译文

周公说："啊！君子居其位，不要贪图安逸。要先知道种田人的艰辛、庶民的苦衷，才能懂得百姓的依靠。看那些小人，父母辛勤耕种收获，儿子却不知道其中的艰辛，贪图享乐，狂妄粗暴，以至于欺诈诓骗，甚至瞧不起父母，说：'你们从前的人没有见识。'"

--- **读与思** ---

本文出自《尚书》。《尚书》是中国古代最早的历史文献之一，儒家的重要经典之一，先秦时被称为《书》，汉代称作《尚书》，"尚"通"上"，意思是"上古之书"。汉武帝"罢黜百家，表彰六经"，设立五经博士，《尚书》开始叫作《书经》。《尚书》用散文写成，按朝代编排，分为《虞书》《夏书》《商书》和《周书》四部分。

《尚书·无逸》记录了西周初年周公对刚刚继位的侄子周成王的教诲和训导。"无逸"的意思是不可以贪图安逸、骄奢放纵。周公告诫周成王，要想成为一名合格的国君，就要克服安逸的想法，知道稼穑的艰难，体察民众的艰辛和疾苦。《尚书·无逸》既是大臣对国君的规谏，更是叔父对于父亲已去世的年轻侄子的谆谆教诲，是中国最古老的著名家训之一。

周公：君子不施其亲

君子不施其亲，不使大臣怨乎不以。故旧无大故则不弃也，无求备于一人。

君子力如牛，不与牛争力；走如马，不与马争走；智如士，不与士争智。

德行广大而守以恭者，荣；土地博裕而守以俭者，安；禄位尊盛而守以卑者，贵；人众兵强而守以畏者，胜；聪明睿智而守以愚者，益；博文多记而守以浅者，广。去矣，其毋以鲁国骄士矣！

——《诫伯禽书》

家训由来

本文出自《诫伯禽书》，有人称之为"中国第一部家训"，周公所作。周公是西周初期杰出的政治家、军事家、思想家、教育家，被尊为"元圣"和儒学先驱。周公曾担任太傅、太师的官职。

译文

有德行的人不怠慢他的亲属，不让大臣抱怨不被信任。老臣故人没有出现严重过失，就不要抛弃他们。不要对某一人求全责备。

有德行的人即使力大如牛，也不会与牛竞争力的大小；即使飞跑如马，也不会与马竞争速度的快慢；即使智慧如士，也不会与士竞争智力的高下。

德行广大而以谦恭的态度自处，便会得到荣耀；土地广阔富饶而用节俭的方式生活，便会永远平安；官高位尊而用谦卑的方式自律，便更显尊贵；兵多人众而用敬畏的心理坚守，就必然胜利；聪明睿智而用愚陋的态度处世，将获益良多；博闻强记而保持自谦的态度，将见识更广。上任去吧，千万不要因为鲁国的条件优越而对士骄傲啊！

读与思

西周初期，周公被封为鲁公，因为需要在都城镐京辅助年幼的成王，不能到封地任职，于是派长子伯禽到鲁国就任。伯禽临行前，周公作书告诫，对故旧大臣不能求全责备，不要与别人盲目攀比，要谦恭、节俭、自律，千万不能骄傲。

周公对儿子的谆谆教诲，目的是让他务必养成勤于政务、爱国爱民、谦虚谨慎、礼遇贤才的品质。对于我们来说，就是为官要勤政爱民、选贤任能，为民要勤于工作、乐于生活。

周公：慎无以国骄人

周公戒伯禽曰："我文王之子，武王之弟，成王之叔父，我于天下亦不贱矣。然我一沐三捉发，一饭三吐哺，起以待士，犹恐失天下之贤人。子之鲁，慎无以国骄人。"

——《史记·鲁周公世家》

家训由来

本文是周公对其子伯禽关于态度方面的训诫。周公一生的功绩在《尚书·大传》中被概括为："一年救乱，二年克殷，三年践奄，四年建侯卫，五年营成周，六年制礼乐，七年致政成王。"

译文

周公告诫儿子伯禽说："我是文王的儿子、武王的弟弟、当今天子成王的叔父，在全天下人眼中我的地位不算低了。但是，我在沐浴时尚且多次握着头发接待贤能之士，一顿饭中多次吐出食物起身招呼贤达之人，即使这样，还担心有不周到的地方而得罪贤士，生怕他们背离我。你到鲁国之后，千万不要摆国君的威风，不要骄傲自大。"

读与思

身教重于言教，周公用自己的高贵地位和谦逊行为教育伯禽千万不能因为自己地位高而傲慢无礼。周公对离开国都远赴鲁国担任国君的儿子进行训诫，其言谆谆，其意切切，语重心长，感情真挚。周公的训诫是对"天下父母之心"的最好诠释，为后代广泛称颂。曹操在《短歌行》中把这一典故概括为"周公吐哺，天下归心"，用以表达礼贤下士、求贤若渴的急切心情。

正考父：一命而偻，再命而伛，三命而俯

及正考父，佐戴、武、宣，三命兹益共，故其鼎铭曰："一命而偻，再命而伛，三命而俯。循墙而走，亦莫余敢侮。饘于是，粥于是，以糊余口。"其共也如是。

——《左传·昭公七年》

家训由来

本文出自《左传·昭公七年》，是正考父对子孙关于谦恭的训言。

正考父，子姓，春秋时期宋国大夫，宋前潃公（子共）的玄孙、孔父嘉的父亲、孔子的七世祖。正考父的事迹在《国语》《左传》《史记》等史籍中均有记载，作为严以修身、恭俭从政、忠义传家的典范而被敬仰。

译文

正考父作为上卿，曾先后辅佐戴公、武公、宣公三个国君，三次任命，他一次比一次恭谨。为了惕厉自儆，为了教训子孙，他特意在家庙铸鼎铭文。铭文为："我曾经三次被国君任命为上卿，每一次都是诚惶诚恐。第一次我是弯腰受命，第二次我是鞠躬受命，第三次我是俯下身子受命。平时我总是顺着墙根儿走路，生怕别人说我傲慢。尽管这样，也没有人看不起我或胆敢欺侮我。不论是煮稠粥还是熬稀粥，都用这一个鼎，只要能糊口度日就满足了。"他的谦恭节俭竟然到了这样的地步！

读与思

这篇铭文共计三十一个字，其中"偻""伛""俯"三个词生动形象地刻画出正考父为官为人的谦逊态度。从字面意义上讲，伛恭于偻，俯更恭于伛。作为三朝元老，正考父不但没有居功自傲、奢侈骄横，反而随着地位的升高越来越谦恭节俭了。

2013 年 6 月 28 日，习近平总书记在全国组织工作会议上的讲话中引用了这段话，教育领导干部以正考父为榜样，谦虚谨慎，朴素节俭，无论职位多高，权力多大，都是人民的勤务员，要保持简单的生活方式和谦恭有礼的待人态度，全心全意为人民服务。

孔子：诗礼传家

陈亢问于伯鱼曰："子亦有异闻乎？"对曰："未也。尝独立，鲤趋而过庭。曰：'学《诗》乎？'对曰：'未也。''不学《诗》，无以言。'鲤退而学《诗》。他日，又独立，鲤趋而过庭。曰：'学《礼》乎？'对曰：'未也。''不学《礼》，无以立。'鲤退而学《礼》。闻斯二者。"陈亢退而喜曰："问一得三。闻《诗》，闻《礼》，又闻君子之远其子也。"

——《论语·季氏》

家训由来

本文出自《论语·季氏》，是孔子教育后人要重视对《诗》《礼》学习的训言。孔子（前 551 —前 479 年），子姓，孔氏，名丘，字仲尼，鲁国陬邑（今山东曲阜东南）人，祖籍宋国，中国古代思想家、教育家，儒家学派创始人。孔子开创私人讲学之风，倡导仁爱。有弟子三千，其中贤人七十二。曾带领部分弟子周游宋、卫、陈、蔡、齐、楚等国，前后达十四年。晚年修订六经（《诗》《书》《礼》《乐》《易》《春秋》）。孔子是当时社会上最博学的人之一，在世时就被尊奉为"天纵之圣""天之木铎"，更被后世统治者尊为圣人、至圣、至圣先师、大成至圣文宣王先师、万世师表等。孔子曾被列为"世界十大文化名人"之首，其思想对中国乃至世界都有深远的影响。

译文

陈亢问伯鱼说："你受到过你父亲特别的教诲吗？"伯鱼回答说："没有。有一次他独自站在庭院中，我快步从庭院走过，被父亲叫住。他问：'学《诗》了吗？'我回答说：'还没有。'他说：'不学《诗》，就不懂得怎样说话。'我就回去学《诗》。又有一天，他又独自站在庭院中，我快步从庭院走过，又被父亲叫住。他问：'学《礼》了吗？'我回答说：'没有。'他说：'不学《礼》，就不懂得怎样立身。'我就回去学《礼》。我私下就听到了我父亲的这两番教诲。"陈亢离开后高兴地说："我问一件事，得到了三点收获，知道了学《诗》的意义，知道了学《礼》的意义，还知道了君子不偏爱自己儿子的道理。"

读与思

　　《论语》是孔子弟子及其再传弟子关于孔子言行的记录，至战国前期成书。全书共二十篇四百九十二章，以语录体为主，叙事体为辅，较为集中地体现了孔子的政治主张、伦理思想、道德观念及教育原则等。《论语》是儒家学派的经典著作之一，与《大学》《中庸》《孟子》并称"四书"，再加上《诗经》《尚书》《礼记》《周易》《春秋》这"五经"，总称"四书五经"。

　　一个人要在社会上立足，就要学习《诗》，学习《礼》。"诗礼传家"是孔子对儿子孔鲤的教诲。这一教诲成为众多中国家庭的家训、家风，也成为中华民族文化传统的一个重要特点。

　　《诗》又称《诗经》，是中国最早的一部诗歌总集，收集了西周初年至春秋中叶的诗歌共三百零五篇。相传孔子进行了编订。《诗经》在内容上分为《风》《雅》《颂》三部分。《诗经》内容丰富，反映了公元前十一世纪至公元前六世纪约五百年间的社会面貌，包括劳动与爱情、战争与徭役、压迫与反抗、风俗与婚姻、祭祖与宴会，甚至天象、地貌、动物、植物等方方面面，是周代社会生活的一面镜子。

　　《礼》又称《周礼》《周官》，由周公奠定基础，是周王室的宗伯进行管理的典章制度。《礼》的主要内容有建侯卫、宗法制、封诸侯、五服制，爵位、谥法、官制，以及吉、凶等礼，是天子、诸侯、大夫必须遵循的严格的等级制度。

孔氏祖训箴规：读书明理，显亲扬名

春秋祭祀，各随土宜。必丰必洁，必诚必敬。此报本追远之道，子孙所当知者。

谱牒之设，正所以联同支而亲一本。务宜父慈子孝、兄友弟恭，雍睦一堂，方不愧为圣裔。

崇儒重道，好礼尚德，孔氏素为佩服。为子孙者，勿嗜利忘义，出入衙门，有亏先德。

孔氏子孙徙寓各府州县，朝廷追念圣裔，优免差役，其正供国课，只凭族长催征，皇恩深为浩大。宜各踊跃输将，照限完纳，勿误有司奏销之期。

谱牒家规，正所以别外孔而亲一本。子孙勿得互相誊换，以混来历宗枝。

婚姻嫁娶，理伦守重。子孙间有不幸再婚再嫁，必慎必戒。

子孙出仕者，凡遇民间词讼，所犯自有虚实，务从理断而哀矜勿喜，庶不愧为良吏。

圣裔设立族长，给予衣顶，原以总理圣谱，约束族人，务要克己奉公，庶足以为族望。

孔氏嗣孙，男不得为奴，女不得为婢。凡有职官员不可擅辱。如遇大事，申奏朝廷，小事仍请本家族长责究。

祖训家规，朝夕教训子孙，务要读书明理，显亲扬名，勿得入于流俗，甘为下人。

——《孔氏祖训箴规》

家训由来

《孔氏祖训箴规》共十条，强调"崇儒重道，好礼尚德"的孔门传统。要求子孙祭祀祖先，不能忘本；与家人相处要遵循父慈子孝、兄友弟恭的和睦原则；面对利益和诱惑时，勿嗜利忘义；处理公务时要秉持公道。总之，孔尚贤制定《孔氏祖训箴规》的主要目的是教育族人秉承孔子的仁德思想，践行孝、悌、忠、信、礼、义、廉、耻"八德"。

译文

春天和秋天的祭祀，各地根据自身的条件自行安排。祭品必须丰盛、整洁，主祭之人必须举止得当，真心实意，有所敬畏。这是报恩思源、追怀祖先的原则，子孙应该知道。

家谱的修订，起到了联系同一支脉、亲近同祖所出的人的作用。

务必提倡父慈子孝、兄友弟恭，和睦一家亲，才不愧为圣人的后代。

崇儒重道，好礼尚德，向来是孔门传统。作为孔氏子孙，不能嗜利忘义，做官不能做出有损祖先德行的事情。

徙居于各府州县的孔氏子孙，朝廷追念你们是圣人后代，优抚免除徭役，应当缴纳的国家税收只通过族长征收。皇家恩宠实在盛大。孔氏子孙理应踊跃缴纳赋税，按期足额完成，不要耽误了官府上报征收钱粮的期限。

修家谱、定家规，是为了区别外孔而亲近内部的直系亲属。子孙不能与外孔沟通换谱，以免混淆各自的宗亲支脉。

婚姻嫁娶，讲究伦理为重。子孙中有不幸再婚再嫁的人，必须慎重，违背伦理的事情万不可发生。

子孙出来做官的，凡是遇到民间诉讼，案件自有虚实，务必理性判断，怀哀怜之心，切莫自鸣得意，但愿不愧为贤能的官吏。

圣人后代设立族长，给予相应功名，是让他统一管理族谱，约束族人的行为。族长一定要克己奉公，但愿不辜负族人的期望。

孔氏子孙，男的不能做别人的奴才，女的不能做别人的婢女，凡是有职务的官员不可独断专行。如果遇到大事，向朝廷陈述申报，小事仍然请本家族长责问追究。

早晚以祖宗传下的规矩教导训诫子孙，一定要让他们多读书，明白事理，显名称誉于世，光耀祖宗。不得入于流俗，甘愿居于社会下层。

读与思

流寓全国各地的孔氏族人，根据大宗主衍圣公的训规精神，结合各地的具体情况，自行修订了本支族规。如江苏丹阳市孔氏天启年间族谱家规，重点强调了"崇孝道，睦友人，秩尊卑，训子孙，勤农桑，戒争讼，安生理，毋赌博"八个方面。江西临川县孔氏支谱家规内容丰富，多达二十个条目：尊族长，立房长，立纲首，守孝悌，重节义，励读书，崇科第，贵教子，义同居，正婚姻，诛不孝，除淫乱，戒赌博，究窃盗，禁僧尼道师学戏隶卒之类，禁妇女朝神拜庙，禁负养螟蛉，禁构讼，禁穿构衙蠹，禁拖欠钱粮等。

孔府内宅照壁《戒贪图》：公爷过"犭贪"了

公爷过"犭贪"了。

——衍圣公过孔府内宅照壁《戒贪图》时随从高呼语

家训由来

孔府内宅门照壁上有一幅彩色壁画，名为《戒贪图》。画中貌似麒麟的动物，就是传说中的"犭贪"。这幅壁画和"公爷过'犭贪'了"这句话，出现的时间和来历，已难考证，但流传很广，寓意深刻，发人深省。

译文

公爷过于贪婪、不知道满足了！

读与思

"犭贪"是天界中的神兽，狮头、鹿角、虎眼、麋身、龙鳞、牛尾，是龙生九子中的第九子，虽然状似麒麟，但其本质却与麒麟有天壤之别。麒麟为仁兽，造福人类，民间有"麒麟送子"的传说。只要麒麟一出现，就是美好的兆头，一定会给人们带来喜庆吉祥。而"犭贪"则是贪婪之兽，生性贪得无厌，不吃五谷杂粮，专吃金银财宝。壁画上"犭贪"四周的彩云中全是被它占有的宝物，甚至包括"八仙过海"中八位神仙赖以漂洋过海的宝贝。但它并不满足，仍目不转睛地对着太阳张开血盆大口，妄图将太阳吞入腹中，占为己有。可谓野心极大，欲壑难填，最后落了个葬身大海的可悲下场。

每当衍圣公出门路过此地，随从都要高喊一声："公爷过'犭贪'

了！"这幅壁画和随从的一句寓意双关的高喝，告诫衍圣公及其子孙，做人要戒贪知止，为官要清正廉洁，切莫贪得无厌，有悖祖德，枉为圣裔，被人耻笑。

可以说，这幅壁画令人过目不忘、牢记终身，这句话是字数最少的古代家训之一，别具一格，振聋发聩。

《孝经》：孝是德之本

夫孝，德之本也，教之所由生也。复坐，吾语汝。身体发肤，受之父母，不敢毁伤，孝之始也。立身行道，扬名于后世，以显父母，孝之终也。夫孝，始于事亲，中于事君，终于立身。《大雅》云："无念尔祖，聿修厥德。"

——《孝经》

家训由来

《孝经》是中国古代儒家的伦理著作，儒家"十三经"（《周易》《尚书》《诗经》《周礼》《仪礼》《礼记》《春秋左传》《春秋公羊传》《春秋穀梁传》《孝经》《论语》《孟子》《尔雅》）之一。现在流传的《孝经》由唐玄宗李隆基作注，影响深远。

译文

　　孝是一切德行的根本，也是教化产生的根源。你回原来位置坐下，我对你讲一讲。人的身体四肢、毛发皮肤，都是父母给予的，不敢损毁伤残，这是孝的开始。人在世上遵循仁义道德，有所建树，显扬名声于后世，从而使父母显赫荣耀，这是孝的终极目标。所谓孝，最初是从侍奉父母开始，然后效力于国君，最终建功立业，功成名就。《诗经·大雅·文王》中说过："怎么能不思念你的先祖呢？要发扬光大先祖的美德啊！"

读与思

　　"孝"是儒家思想的重要内容，比较集中地阐述了儒家的伦理思想。《孝经》肯定"孝"是上天所定的规范："夫孝，天之经也，地之义也，民之行也。"指出"孝"是诸德之本，认为"人之行，莫大于孝"，国君可以用"孝"治理国家，臣民能够用"孝"立身理家。《孝经》首次将"孝"与"忠"联系起来，认为"忠"是"孝"的发展和扩大，并把"孝"的社会作用推而广之，认为"孝悌之至"就能够"通于神明，光于四海，无所不通"。

曾子：壹是皆以修身为本

大学之道，在明明德，在亲民，在止于至善。知止而后有定，定而后能静，静而后能安，安而后能虑，虑而后能得。物有本末，事有终始。知所先后，则近道矣。

古之欲明明德于天下者，先治其国；欲治其国者，先齐其家；欲齐其家者，先修其身；欲修其身者，先正其心；欲正其心者，先诚其意；欲诚其意者，先致其知；致知在格物。物格而后知至，知至而后意诚，意诚而后心正，心正而后身修，身修而后家齐，家齐而后国治，国治而后天下平。

自天子以至于庶人，壹是皆以修身为本。其本乱而末治者否矣；其所厚者薄，而其所薄者厚，未之有也。

——《大学》

家训由来

本文出自《大学》，曾子所作。曾子倡导"修齐治平"的政治观。曾子（前505—前434年），姒姓，曾氏，名参（shēn），字子舆，夏禹后代，鲁国南武城（一说为今山东嘉祥南，一说为今山东平邑南）人，春秋末年思想家，孔子晚年弟子，儒家学派的重要代表人物，后世尊为"宗圣"，是配享孔庙的"四配"（"复圣"颜渊、"宗圣"曾参、"述圣"子思、"亚圣"孟轲）之一。曾子参与编撰《论语》，撰写《大学》《孝经》《曾子十篇》等。曾子倡导"孝恕忠信"的人伦观。曾子曰："夫子之道，忠恕而已矣。"

译文

《大学》的宗旨，在于弘扬高尚的德行，在于关爱百姓，在于达到最高境界的善。知道要达到"至善"的境界方能确定目标，确定目标方能心中宁静，心中宁静方能安稳不乱，安稳不乱方能思虑周详，思虑周详方能达到"至善"。凡物都有根本、有末节，凡事都有终端、有始端。知道了它们的先后次序，就与《大学》的宗旨相差不远了。

在古代，意欲将高尚的德行弘扬于天下的人，先要治理好自己的国家；意欲治理好自己国家的人，先要管理好自己的家庭；意欲管理好自己家庭的人，先要修养好自身的品德；意欲修养好自身品德的人，先要端正自己的心意；意欲端正自己心意的人，先要使自己的意念真诚；意欲使自己意念真诚的人，先要获取知识；获取知识的途径在于探究事理。探究事理后才能获得正确认识，认识正确才能意念真诚，意念真诚才能端正心意，心意端正才能修养好品德，品德修养好才能管理好家庭，管理好家庭才能治理好国家，治理好国家才能使天下太平。

从天子到普通百姓，都要把修养品德作为根本。根本如果乱了，想要治理好家、国和天下是不可能的；应该慎重的事情却潦草，应该忽略的事情却厚爱，不分轻重缓急，本末倒置，却想要达到治家、治国、平天下的目的，这是绝不可能的。

读与思

《大学》是一部论述儒家修身齐家治国平天下思想和教育理论的著作，原是《小戴礼记》的第四十二篇，相传为曾子所作。经北宋程颢、程颐兄弟竭力尊崇，南宋朱熹作《大学章句》详加阐述，最终和《中庸》《论语》《孟子》并称"四书"。宋、元以后，《大学》成为学校官定的教科书和科举考试的必读书，对中国古代教育产生了极为深远的影响。

《大学》提出了著名的"三纲领""八条目"原则，简称"三纲八目"。"三纲"是加强道德修养的总原则，包括"明明德、亲民、止于至善"。"八目"是循序渐进加强道德修养的途径，依次为"格物、致知、诚意、正心、修身、齐家、治国、平天下"。其中"修身"是关键，居于承上启下的地位。"格物、致知、诚意、正心"是"修身"的基础，称为"内圣"（亦包括"修身"）；"齐家、治国、平天下"是修身的目的，称为"外王"。"内圣外王"的统一是儒家学者们追求的最高境界，修身是达到这一崇高境界的根本环节，所以说"自天子以至于庶人，壹是皆以修身为本"。

曾子：吾日三省吾身

曾子曰："吾日三省吾身：为人谋而不忠乎？与朋友交而不信乎？传不习乎？"

——《论语》

家训由来

曾子倡导"内省慎独"的修养观。曾子曰："君子思仁义，昼则忘食，夜则忘寐，日旦就业，夕而自省，以役其身，亦可谓守业矣。"

译文

曾子说："我每天多次反省自己：替别人办事是不是尽心竭力了呢？与朋友交往是不是诚实守信了呢？对老师传授的功课，是不是用心复习了呢？"

读与思

曾子在孔门中是最重修身的一个人，他通过"一日三省"之法，每天查找自身的不足，并及时加以改正，提高道德境界，陶冶完美人格。

只有坚持自我反省，才能最大限度地减少过错。正像荀子所说，君子广泛地学习，并且每天多次反省自己，才能增长智慧，明达事理，少犯错误以至不犯错误。

曾子：战战兢兢，如临深渊，如履薄冰

曾子有疾，召门弟子曰："启予足，启予手。《诗》云：'战战兢兢，如临深渊，如履薄冰。'而今而后，吾知免夫！小子！"

——《论语》

家训由来

曾子倡导"以孝为本"的孝道观。曾子曰："生，事之以礼；死，葬之以礼，祭之以礼，可谓孝矣。"

译文

曾参病重了，召唤门下的弟子们说："看看我的脚，再看看我的手。《诗经》上说：'战战兢兢，好像面临着万丈深渊，好像行走在薄冰之上。'从今往后，我知道自己将寿终正寝，可以不必如此了！弟子们！"

读与思

曾子曰："鸟之将死，其鸣也哀；人之将死，其言也善。"这则训示记述了曾子临终时对弟子们的最后教诲。曾子认为行孝之始在于不毁伤身体，曾子说到了，也做到了，直到生命的终点，还关注从父母那里继承下来的身体发肤。为什么说爱护好自己的身体、修炼自己的德行就是孝呢？一是身体受伤会让父母担忧；二是毁伤德行会让父母蒙羞。爱惜身体，修炼德行，自爱自重，这就是孝。

《诗经·小雅》中的三句诗"战战兢兢，如临深渊，如履薄冰"，很常见，且道理深刻。曾子用这三句诗教育弟子，小心行事才能有圆满的人生结局。

曾子临终遗言中的最后两个字"小子"，包含着一位老者、仁者、老师即将离世时对弟子门人的反复叮咛，感人肺腑，催人泪下。

孟母：子之废学，若吾断斯织也

孟子之少也，既学而归，孟母方绩，问曰："学何所至矣？"孟子曰："自若也。"孟母以刀断其织。孟子惧而问其故。孟母曰："子之废学，若吾断斯织也。夫君子学以立名，问则广知，是以居则安宁，动则远害。今而废之，是不免于厮役，而无以离于祸患也。何以异于织绩而食，中道废而不为，宁能衣其夫子，而长不乏粮食哉！女则废其所食，男则堕于修德，不为窃盗，则为虏役矣。"孟子惧，旦夕勤学不息，师事子思，遂成天下之名儒。

——刘向：《列女传·母仪传·邹孟轲母》

家训由来

孟子三岁丧父，靠母亲教养长大成人，并成为后世儒家追慕向往的"亚圣"。孟母也留下了"孟母三迁""断机教子"等教子佳话。随着孟母故事的广泛流传，封建朝廷竭力将其塑造成符合统治需要的偶像，屡加封谥，到乾隆二年（1737 年）加封孟母为"邾国端范宣献夫人"。

译文

孟子小的时候，有一次放学回家，他的母亲正在织布，见他回来，便问道："学习怎么样了？"孟子漫不经心地回答说："跟过去一样。"孟母见他无所谓的样子，十分恼火，就用剪刀把织好的布剪断。孟子见状很害怕，就问母亲为什么要发这样大的火。孟母说："你荒废学业，如同我剪断这布一样。有德行的人学习是为了树立名声，不懂就问才能增长知识，所以平时能平安无事，做起事来可以避开祸害。如果现在荒废了学业，就不免于做下贱的劳役，而且难于避免祸患。这和织布养家没什么不同，中途废止不做了，怎么供丈夫和孩子穿衣，而且保证不缺粮食呢？女人废止了养家的生计，男人荒废了德行的修养，不做盗贼，就只能做奴仆了。"孟子听后吓了一跳，自此，从早到晚勤学不止，把子思当作老师，终于成为天下有名的大儒。

读与思

孟母断机这个典故流传很广，《三字经》中有"昔孟母，择邻处，子不学，断机杼"的记载。孟母教育艺术高超，给我们以很深的启迪。

首先，孟母断机告诉我们做事要有决断性，一旦认为孩子做了错事，就要当机立断，及时教育孩子改正，绝不迁就姑息。其次，教育孩子要以事说理，明白易懂。孩子尚小，其抽象思维能力极为薄弱。因此，在教育孩子的时候，应当向孟母学习，少一些大而空的说教，多通过具体而微小的事例对孩子进行启发引导，以事说理，以理服人，让孩子理解事物的内在道理和父母的良苦用心。最后，在教育孩子的过程中，多从孩子身心发展的规律出发，多用孩子看得见、摸得着的事实说话，让孩子领悟什么能做，什么不能做，真正做到"教子成才"，而不是"逼子成龙""逼女成凤"。

孟子：富贵不能淫，贫贱不能移，威武不能屈

景春曰："公孙衍、张仪岂不诚大丈夫哉？一怒而诸侯惧，安居而天下熄。"

孟子曰："是焉得为大丈夫乎？子未学礼乎？丈夫之冠也，父命之；女子之嫁也，母命之，往送之门，戒之曰：'往之女家，必敬必戒，无违夫子！'以顺为正者，妾妇之道也。居天下之广居，立天下之正位，行天下之大道。得志，与民由之；不得志，独行其道。富贵不能淫，贫贱不能移，威武不能屈，此之谓大丈夫。"

——《孟子·滕文公下》

家训由来

本文出自《孟子·滕文公下》，体现了孟子的儒家思想。孟子（约前372—前289年），姬姓，孟氏，名轲，字子舆，与孔子并称"孔孟"，鲁国邹县（今山东邹城东南）人，战国时期儒家思想代表人物之一，中国古代思想家、哲学家、政治家、教育家。

孟子父亲早逝，与母亲相依为命。学成之后，孟子开始周游列国，游说诸侯，历齐、梁、宋、滕、鲁诸国，均未能见用。晚年，孟子回到了自己的家乡，在那里传道授业，与弟子们一起著书立说，最终成就了《孟子》一书。清朝雍正皇帝赐给孟子后人"七篇贻矩"的匾额，现悬挂在孟府大堂上，意思是说，《孟子》这部书共七篇（各分上下），是孟子留给后代的规矩。

译文

景春说："公孙衍、张仪难道不是真正的大丈夫吗？他们一发怒，诸侯就害怕；他们安居家中，天下就太平无事。"

孟子说："这哪能算是大丈夫呢？你没有学过礼吗？男子行加冠礼时，父亲训导他；女子出嫁时，母亲训导她，送她到门口，告诫她说：'到了你婆家，一定要恭敬，一定要谨慎，不要违背你的丈夫！'把顺从当作最高原则，是妇人家遵循的道理。真正的大丈夫，应该居住在天下最广大的住宅'仁'里，站立在天下最正确的位置'礼'上，行走在天下最宽广的道路'义'上。得志的时候，就携同百姓一起走这条正道；不得志的时候，就独自行走在这条正道上。富贵不能迷乱他们的思想，贫贱不能改变他们的操守，强权不能使他们的意志屈服，这才叫作大丈夫。"

读与思

孟子发扬光大了孔子学说，提出"仁政""仁义""浩然之气""大丈夫人格"等思想，对唐宋之后的中国产生了巨大影响，其地位仅次于孔子，被尊为"亚圣"。至唐朝中期，韩愈著《原道》，把孟子视为唐以前儒家唯一继承孔子"道统"的伟大人物。韩愈写道："吾所谓道也，非向所谓老与佛之道也。"南宋朱熹又把《孟子》与《论语》《大学》《中庸》合定为"四书"，使之成为儒家基本经典之一。

孟子关于"大丈夫"的这段名言，坚持"仁、礼、义"三项原则，闪耀着思想和人格力量的光辉，在中华民族历史上激励了无数英雄豪杰、仁人志士，成为他们坚持正义、不畏强暴、奋起抗争的精神支柱。2022年10月，"富贵不能淫、贫贱不能移、威武不能屈"被写入了党的二十大报告，要求全党从思想上固本培元，提高党性觉悟，增强拒腐防变能力，涵养浩然正气，做顶天立地的大丈夫。

孙叔敖母：德胜不祥，仁除百祸

叔敖为婴儿之时，出游见两头蛇，杀而埋之。归而泣，其母问其故，叔敖对曰："闻见两头之蛇者死，向者吾见之，恐去母而死也。"其母曰："蛇今安在？"曰："恐他人又见，杀而埋之矣。"其母曰："吾闻有阴德者，天报以福，汝不死也。"及长，为楚令尹。未治而国人信其仁也。

——刘向：《新序·杂事第一》

家训由来

春秋时期楚国令尹孙叔敖的母亲，对孙叔敖仁爱品质的养成有着较大影响。

孙叔敖（约前 630 —前 593 年），芈姓，蔿氏，名敖，字孙叔，今河南省淮滨县人，春秋时期著名的楚国令尹，治水名人。孙叔敖辅佐楚庄王施教导民，宽刑缓政，发展经济，政绩赫然，主张以民为本，止戈休武，休养生息，使农商并举，文化繁荣，翘楚中华。因出色的治水、治国、军事才能，孙叔敖官拜令尹，辅佐楚庄王成为春秋五霸之一。因积劳成疾，孙叔敖病逝时年仅三十八岁。

译文

孙叔敖幼年的时候，出去游玩，看见一条长着两个头的蛇，便杀死它并且埋了起来。他哭着回家。母亲问他为什么哭泣，孙叔敖回答道："我听说看见长两个头的蛇的人必定要死，刚才我见到了一条两头蛇，恐怕要离开母亲您先死去了。"他母亲说："蛇现在在哪里？"孙叔敖说："我担心别人再看见它，就把它杀掉并埋起来了。"他母亲对他说："我听说积有阴德的人，上天会降福于他，所以你不会死的。"孙叔敖长大后，做了楚国的令尹。还没有治理国家，国人便信服于他的仁慈。

读与思

孙叔敖的母亲能针对发生在孩子身上的事情，及时进行教育和激励。她用一位慈母的爱心和智慧，巧妙地向儿子解释，上天必会报答做好事的人，这既化解了儿子心中的恐慌，又保护了他纯洁无邪的童心和善良仁慈的美德。

"德胜不祥，仁除百祸"的观念，对于我们教育子女具有重要的借鉴意义。这是因为，无论社会如何发展，善良、仁慈都是一个人十分重要的道德品质。

第二章

秦汉

经典家训

秦朝（前 221—前 206 年）是中国历史上第一个统一的封建王朝，结束了自春秋以来五百多年诸侯分裂割据的混乱局面，奠定了中国大一统的基础和两千余年政治制度基本格局，对中国历史产生了深远影响，故称"百代都行秦政法"。但因秦朝存在时间较短，家训家规方面的资料较少。

　　汉朝（前 206—220 年）是继秦朝之后的大一统王朝。汉武帝实行"罢黜百家，表彰六经"，设立"五经博士"，倡导儒家思想，逐步确立了以"三纲五常"为核心的儒家伦理体系，强调父权和服从的家长制逐渐成型，家训家规逐渐增多。这一时期除了帝王家训、达官贵人家训之外，出现了东方朔、司马谈等文人的家训。从家训内容看，有勤奋学习、治国理政、为人处世、修心养性、知错能改等，更接近日常生活。

刘邦：追思昔所行，多不是

吾遭乱世，当秦禁学，自喜，谓读书无益。洎践阼以来，时方省书，乃使人知作者之意。追思昔所行，多不是。

尧舜不以天子与子而与他人，此非为不惜天下，但子不中立耳。人有好牛马尚惜，况天下耶？吾以尔是元子，早有立意。群臣咸称汝友四皓，吾所不能致，而为汝来，为可任大事也。今定汝为嗣。

吾生不学书，但读书问字而遂知耳。以此故不大工，然亦足自辞解。今视汝书，犹不如吾。汝可勤学习。每上疏，宜自书，勿使人也。

汝见萧、曹、张、陈诸公侯，吾同时人，倍年于汝者，皆拜，并语于汝诸弟。

吾得疾遂困，以如意母子相累，其余诸儿皆自足立，哀此儿犹小也。

——刘邦：《手敕太子文》

家训由来

《手敕太子文》是汉高祖刘邦病危时写给嫡长子刘盈的一封敕书。刘邦（前256或前247—前195年），字季，秦沛县丰邑中阳里（今属江苏丰县）人，平民出身，曾为沛县泗水亭长。刘邦是汉朝开国皇帝，庙号高祖，中国历史上杰出的政治家、战略家和军事指挥家，汉民族和汉文化的伟大开拓者之一，对汉族的发展及中国的统一有突出贡献。

刘邦虽然没有接受正规教育，却十分看重孔子，公元前195年，刘邦经过鲁国，以高规格的太牢之礼（猪、牛、羊三牲）祭祀孔子，并诏告诸侯、公、卿、将、相至郡，先谒孔庙而后处理政务。汉高祖刘邦成为第一位祭祀孔子的封建帝王，开创了帝王祭孔的先河。

译文

我遭逢动乱不安的时代，正赶上秦皇焚书坑儒，禁止求学，我很高兴，认为读书没有什么用处。直到登基，我才明白了读书的重要性，于是让别人讲解，了解作者的意思。回想以前的所作所为，实在有很多不对的地方。

古代尧、舜不把天下传给自己的儿子，却让给别人，并不是不珍视天下，而是因为他们的儿子不足以担当大任。人们有品种优良的牛马，尚且很珍惜，何况是天下呢？你是我的嫡长子，我早就有意确立你为我的继承人。大臣们都称赞你能以商山四皓为朋友，我曾经想邀请他们没有成功，今天却为了你而来，由此看来你可以担当重任。现在我决定你为我的继承人。

我平生没有学书，不过在读书问字时知道一些罢了。因此文辞写得不大工整，但还算能够表达自己的意思。现在看你作的书，还不如我。你应当勤奋地学习，每次上书应该自己写，不要让别人代笔。

你见到萧何、曹参、张良、陈平，还有和我同辈的公侯，岁数比你大的长者，都要依礼下拜，也要把这些话告诉你的弟弟们。

我现在重病缠身，我担心牵挂的是如意母子，其他儿子都可以自立了，怜悯这个孩子吧，他太小了。

读与思

除《手敕太子文》外，刘邦还有一首传世诗作《大风歌》，语言、境界俱佳：“大风起兮云飞扬，威加海内兮归故乡，安得猛士兮守四方？”

刘邦以父亲和帝王的身份，临终前向儿子和帝位继承人发出谆谆告诫：要读书、要用贤、要治理好天下。敕书一反通常的命令式，而通过自身经历要求儿子深刻理解帝王肩负的重任。敕书篇幅不长，却言简意深，情浓意重，语言朴实无华，读来亲切感人，在历代帝王敕书中别具特色，是帝王家训中的一个典范。

孔鲋：处浊世而清其身，学儒术而知权变

鲁，天下有仁义之国也。战国之世，讲颂不衰，且先君之庙在焉。吾谓叔孙通处浊世而清其身，学儒术而知权变，是今师也。宗于有道，必有令图，归必事焉。

——孔鲋：《孔丛子》

家训由来

这是孔鲋临终时告诫弟子的话，可以说是最后的教诲。孔鲋（约前264—前208年），本名鲋甲，字子鱼，鲁国曲阜（今山东省曲阜市）人，秦末儒生，孔子八世孙。孔鲋博通经史，文采绝妙，善论古今，陈胜称王后被任为博士，在与秦将章邯的战斗中英勇牺牲。为应对秦朝的焚书政策，孔鲋将先秦经典《尚书》《礼记》等宝贵古籍，藏匿于曲阜孔府精心修筑、中间掏空的墙壁夹层中，保存了儒家经典。后人伪托孔鲋作《孔丛子》一书，记叙了孔子及子思、子上、子高、

子顺、子鱼（即孔鲋）等人的言行，对研究早期儒家思想具有一定的参考价值。

译文

　　鲁国是天下存有仁义的国家。战国时代社会动荡，讲习仁义的风气也没有衰退，况且我们先祖的宗庙也在那里。我认为叔孙通身处污浊的乱世能保持自身的清白不被污染，学习儒家的仁义道德还能通晓权变的道理，是当今时代的宗师啊。叔孙通尊奉儒学，一定会有深远的谋略和远大的作为，你们回到鲁国，一定要向他请教学习。

读与思

　　孔鲋首先对自己是鲁国人感到自豪，对鲁国传承儒家仁义道德的现状感到欣慰。其次，作为一位老师，孔鲋时刻不忘自己的职责，在自己去世后，让弟子向叔孙通学习，有所师法，不至于荒废学业。最后，告诫弟子学习叔孙通的长处，即"处浊世而清其身，学儒术而知权变"，既要在乱世洁身自好，又要灵活运用儒家学术思想，通权达变。

　　这篇训诫虽然简短，却包含了孔鲋对国家深厚的感情、对弟子寄予的厚望、对儒学发展前途的信心，情真意切，感人至深。

孔臧：人之进退，惟问其志

人之进退，惟问其志。取必以渐，勤则得多。山溜至柔，石为之穿。蝎虫至弱，木为之弊。夫溜非石之凿，蝎非木之钻，然而能以微脆之形，陷坚刚之体，岂非积渐夫溜之致乎？训曰："徒学知之未可多，履而行之乃足佳。"故学者所以饰百行也。

——孔臧：《诫子书》

家训由来

本文出自孔臧所作的《诫子书》。孔臧（约前 201 —前 123 年），孔子的第十世孙，西汉著名经学家孔安国的从兄，著有汉赋二十四篇。汉武帝时，孔臧任太常，礼赐如三公，主张激励向学，奖励贤才，受此思想影响，朝廷中公、卿、大夫、吏大多是彬彬有礼的文学之士。在孔臧的教诲下，他的儿子孔琳勤奋好学，受到人们的赞扬。

译文

人要求进步，但进步的方法、途径关键在于他立下的志向。在上进的过程中，必须循序渐进，不可急于求成；此外，勤奋是不可缺少的重要因素，只有这样才会有丰硕的成果。山溜是山间的滴水，是柔软之体，但凭这柔软之体却可穿透坚石。木里的蝎虫是十分弱小的昆虫，却可以破坏高大的树木。水滴原不是穿石的凿子，蝎虫原不是钻木的工具，但是它们却能以自己羸弱之体，穿透坚硬的石头和高大的树木，这不就是逐渐累积所造成的结果吗？古人说："单单通过学习来掌握知识并不值得赞誉，学以致用才更值得赞扬。"所以，学者要注重道德修养，修炼自己全面发展的品行。

读与思

孔臧给儿子孔琳的这篇家训，文字简短，含义深刻。第一，立志的重要性，"人之进退，惟问其志"，一个人的进退成败决定于他是否立下远大志向。第二，循序渐进、勤奋积累的必要性，水滴石穿、蝎虫弊木靠的就是日积月累、锲而不舍的精神。第三，身体力行的重要性，"徒学知之未可多，履而行之乃足佳"。另外，"徒学"句与"纸上得来终觉浅，绝知此事要躬行"一句，从用字到含义都比较相近，可见孔臧对陆游的影响之大。

韦玄成：于肃君子，既令厥德

于肃君子，既令厥德。仪服此恭，棣棣其则。

咨余小子，既德靡逮。曾是车服，荒嫚以队。

明明天子，俊德烈烈。不遂我遗，恤我九列。

我既兹恤，惟夙惟夜。畏忌是申，供事靡惰。

天子我监，登我三事。顾我伤队，爵复我旧。

我既此登，望我旧阶。先后兹度，涟涟孔怀。

司直御事，我熙我盛。群公百僚，我嘉我庆。

于异卿士，非同我心。三事惟艰，莫我肯矜。

赫赫三事，力虽此毕。非我所度，退其罔日。

昔我之队，畏不此居。今我度兹，戚戚其惧。

嗟我后人，命其靡常。靖享尔位，瞻仰靡荒。

慎尔会同，戒尔车服。无媿尔仪，以保尔域。

尔无我视，不慎不整。我之此复，惟禄之幸。

于戏后人，惟肃惟栗。无忝显祖，以蕃汉室。

——班固：《汉书·韦贤传》

家训由来

本文是韦玄成根据自己的人生经历教育和激励后代的一篇文章。

韦玄成（？—前36年），字少翁，西汉时期鲁国邹（今山东邹城东南）人，丞相韦贤之子。韦玄成少好学，谦逊下士，参加了由汉宣帝亲自主持的石渠阁会议，为进一步统一儒家学说，发扬光大儒家学说作出了贡献。他先后任谏大夫、都尉、太守、御史大夫、丞相等职，封侯爵。韦玄成好作四言诗，今存《自劾》《戒子孙》两首。他十分重视对后代的教育培养，亲自教导他们攻读经书，在其家乡邹鲁一带广泛流传着他的一句话："遗子黄金满籝，不如教子一经。"激励人们教子读书，学习儒家经典。

译文

高尚的君子，都注重品德的培养和提升。他们的仪表容止是那样的庄重而雍容典雅，足以被他人效仿。

我们这些后辈，言行和品德远远不及父辈。我曾经得过天子赏赐车服的荣耀，但是因怠慢而失职。

然而英明的天子，贤德如光。天子并不计较我的过失，仍然让我复爵并登相位，位列三公。

我更加心存忧患，早早晚晚自我警戒。时时心存畏惧，严格约束自己，做事勤快不懒惰。

天子明察，让我荣登相位。顾惜我的过失，让我恢复爵位。

我既登上相位，就要在任上有所作为。父子都能位居相位，十分缅怀先父。

操持丞相的事务，恢复爵位，使我感到有光耀门户的荣耀。

百官众僚都来向我庆贺，但我深知卿士与自己的想法不会完全一样。三公之事非常艰难，没有人愿意同情我。

虽然三公之位非常显赫，我的力量也在此全部用尽，但我也担心因为不能胜任而贬退无日，所以时时忧惧。

告诫我的后辈子孙，天命无常。你们谋事要当心，不要荒怠。

你们要慎重对待朝见，要自我警戒车服的荣耀。不要怠慢，这样才能保住你们的封邑。

你不要用看待别人的标准来看待我，因为我不谨慎、不注意、疏忽。我能复爵并登相位，这是我的幸运。

后辈子孙要有恭敬戒惧之心，不要有愧于先祖，保卫汉室繁荣昌盛。

读与思

在《戒子孙》中，韦玄成用自己的经验教训告诫子孙：一要"畏忌是申，供事靡惰"。既然已经担任了国家职务，就要早晚警诫自己，畏惧敬慎，自我约束，恪尽职守，不能有丝毫的倦怠。二要"戒尔车服""无媿尔仪"。韦玄成坦诚表露了自己登上高位的复杂心态：我登上丞相之位，想起先父也曾任此职务，不禁泪流湿襟，忧思满怀。要怀着战战兢兢的心态，时刻保持戒惧的心理，保持仪容端庄，对得起朝廷赐予的车服仪仗，履行好自己的职责。三要"惟肃惟栗""以蕃汉室"。要慎言谨行，无愧于显赫的祖先，尽心尽职地藩卫汉室。时刻牢记朝廷荣华昌盛，家庭才能太平安康，才能传承家风。

东方朔：优哉游哉，与道相从

明者处世，莫尚于中，优哉游哉，与道相从。首阳为拙，柳下为工。饱食安步，以仕代农。依隐玩世，诡时不逢。才尽身危，好名得华；有群累生，孤贵失和；遗余不匮，自尽无多。圣人之道，一龙一蛇。形见神藏，与物变化。随时之宜，无有常家。

——东方朔：《诫子书》

家训由来

本文出自东方朔所作的《诫子书》，目的是教育他的儿子处世之道。东方朔（前154—前93年），字曼倩，平原厌次（一说今山东惠民东，一说今山东德州市陵城区东北）人，西汉时期著名文学家。汉武帝即位，征辟四方士人，东方朔上书自荐，拜为郎，后任常侍郎、太中大夫等职。东方朔性格诙谐，言辞敏捷，滑稽多智，常在汉武帝面前谈笑取乐，民间称之为"智圣""相声的祖师爷"。他曾言政治得失，上陈"农战强国"之计，汉武帝始终视为俳优（pái yōu）之言，不予采用。

李白有诗叹曰："世人不识东方朔，大隐金门是谪仙。"东方朔一生著述甚丰，有《答客难》《非有先生论》等名篇。

译文

有智慧的人，他的处世态度，没有比合乎中道更可贵的了。从容自在，就自然合于中道。所以，像伯夷、叔齐这样的君子虽然清高，却显得固执，拙于处世；而柳下惠正直敬事，不论治世乱世都不改常态，是最高明巧妙的人。衣食饱足，安然自得，以做官治事代替隐退耕作。身在朝廷而恬淡谦退，过隐者般悠然的生活，虽不迎合时势，却也不会遭到祸害。道理何在呢？锋芒毕露，常有危险；有好的名声，会得到华彩。深孚众望，忙碌一生；自命清高，失去人和；凡事留有余地，就不会匮乏；凡事穷尽一切，则立见衰竭。因此，圣人处世的道理是行、藏、动、静因时制宜，有时华彩四射，神明奥妙；有时缄默蛰伏，莫测高深。他能随着万物、时机的变化，运用最适宜的处世之道，而不是固定不变，拘泥不知变通。

———— 读与思 ————

在这篇家训中，东方朔教育儿子，崇尚中庸之道，是有智慧的人立身处世的根本。家训中表现出东方朔不偏不倚、无过无不及，以折中态度为人处世的思想。

汉武帝时代，"尊之则为将，卑之则为虏；抗之则在青云之上，抑之则在深渊之下；用之则为虎，不用则为鼠"。才华毕露的处境危险，深孚众望的一生忙碌，自命清高的人缘不好，做事情不留余地的没有前途，这些都是因为不循中庸之道。人应该顺乎时势发展而主动变化，不能拘泥呆滞，不知变通。

司马谈：扬名于后世，以显父母

太史公执迁手而泣曰："余先周室之太史也。自上世尝显功名于虞夏，典天官事。后世中衰，绝于予乎？汝复为太史，则续吾祖矣。今天子接千岁之统，封泰山，而余不得从行，是命也夫，命也夫！余死，汝必为太史；为太史，无忘吾所欲论著矣。且夫孝始于事亲，中于事君，终于立身。扬名于后世，以显父母，此孝之大者。夫天下称诵周公，言其能论歌文、武之德，宣周、邵之风，达太王、王季之思虑，爰及公刘，以尊后稷也。幽、厉之后，王道缺，礼乐衰，孔子修旧起废，论《诗》《书》，作《春秋》，则学者至今则之。自获麟以来四百有余岁，而诸侯相兼，史记放绝。今汉兴，海内一统，明主贤君忠臣死义之士，余为太史而弗论载，废天下之史文，余甚惧焉，汝其念哉！"迁俯首流涕曰："小子不敏，请悉论先人所次旧闻，弗敢阙。"

——司马谈：《史记·太史公自序》

家训由来

司马谈（？—前110年），西汉夏阳（今陕西省韩城市）人，司马迁的父亲，汉武帝时任太史令。汉武帝元封元年（前110年）东巡至泰山，并在山上举行祭祀天地的典礼，史称"封禅（fēng shàn）大典"。司马谈当时因病留在洛阳，未能从行，深感遗憾，抑郁愤恨而死。

译文

太史公握着司马迁的手哭着说："我们的先祖是周朝的太史。远在上古虞夏之世便显扬功名，职掌天文之事。后世衰落，今天会断绝在我手里吗？你继做太史，就会接续我们祖先的事业了。现在天子继承汉朝千年一统的大业，在泰山举行封禅典礼，而我不能随行，这是命啊，这是命啊！我死之后，你必定要做太史；做了太史，不要忘记我想要撰写的著述啊。再说孝道始于奉养双亲，进而侍奉君主，最终在于立身扬名。扬名后世以显耀父母，是最大的孝道。天下称道歌颂周公，说他能够论述歌颂文王、武王的功德，宣扬周公、邵公的风尚，通晓太王、王季的思虑，乃至于公刘的功业，并尊崇始祖后稷。周幽王、周厉王以后，王道衰败，礼乐衰颓，孔子研究整理旧有的典籍，修复振兴被废弃破坏的礼乐，论述《诗经》《尚书》，写作《春秋》，学者至今以之为准则。自孔子获麟以来四百余年，诸侯相互兼并，史书丢弃殆尽。如今汉朝兴起，海内统一，涌现出一批明主贤君忠臣死义之士，我作为太史都未能予以论评载录，几乎断绝了天下的修史传统，对此我甚感惶恐，你可一定要记在心上啊！"司马迁低下头流着眼泪说："儿子虽然驽笨，但我会详细编纂先人所整理的历史旧闻，不敢稍有缺漏。"

读与思

司马谈感到自孔子死后的四百多年间，诸侯兼并，史记断绝，当今海内一统，明主贤君、忠臣义士的事迹如果不能记载流传，自己作为一名太史就没有尽到职责，内心十分惶惧不安。所以司马谈希望自己死后，司马迁能继承他的事业，不要忘记撰写史书，并认为这是"大孝"。

司马迁不负父亲的临终教诲，以"究天人之际，通古今之变，成一家之言"为使命担当，忍受腐刑造成的生理上、心理上的巨大痛苦，终于写成我国历史上第一部纪传体通史——《史记》，开创"纪传体"史书之先河，被鲁迅誉为"史家之绝唱，无韵之离骚"。

司马谈对《史记》的写作具有"发凡起例"的重大功绩。《史记》一书写成后，司马迁题名为《太史公书》，即太史公所记之书，以纪念司马谈的功绩。太史公，是司马迁对其父司马谈为太史令的尊称。到东汉桓灵之际，《太史公书》才演变为《史记》。

刘向：贺者在门，吊者在闾

告歆无怨：若未有异德，蒙恩甚厚，将何以报？董生有云："吊者在门，贺者在闾。"言有忧则恐惧敬事，敬事则必有善功，而福至也。又云："贺者在门，吊者在闾。"言受福则骄奢，骄奢则祸至，故吊随而来。齐顷公之始，藉霸者之余威，轻侮诸侯，亏跛蹇之容，故被鞍之祸，遁服而亡。所谓"贺者在门，吊者在闾"也。兵败师破，人皆吊之，恐惧自新，百姓爱之。诸侯皆归其所夺邑。所谓"吊者在门，贺者在闾"也。今若年少，得黄门侍郎，要显处也。新拜皆谢，贵人叩头，谨战战栗栗，乃可必免。

——刘向：《诫子歆书》

家训由来

本文出自刘向所作的《诫子歆书》，教育其儿子要谦虚谨慎。刘向（约前77—前6年），字子政，西汉沛县（今江苏省沛县）人，著名经学家、目录学家、文学家，汉高祖弟楚元王刘交的五世孙，刘歆之父。刘向曾任光禄大夫，校阅经传诸子诗赋等书籍，撰成《别录》一书。代表作品有《新序》《说苑》《列女传》等。

译文

告诫歆儿不要怠慢：你没有过人的德行，却蒙受国家厚恩，该怎么报答呢？董仲舒有句话："吊者在门，贺者在闾。"意思是有了忧患则会心怀恐惧、遇事恭敬，遇事恭敬就必然有好的结果而身受福报。还有句话："贺者在门，吊者在闾。"意思是身受福报就会骄奢淫逸，骄奢淫逸则会大祸临头，所以吊客随后而来。齐顷公刚即位的时候，倚仗齐桓公称霸的余威，轻率地侮辱诸侯，嘲笑跛脚的使臣，所以在鞍之战被晋军活捉，乔装改扮才逃得性命。这就是所谓的"贺者在门，吊者在闾"。兵败之后，大家都来吊问，于是齐顷公心怀恐惧改过自新，深得齐国百姓的爱戴，诸侯们都归还以前夺取的齐国的城邑。这就是所谓的"吊者在门，贺者在闾"。现在你这么年轻，就官拜黄门侍郎，这是显要的官职。新上任依例要向皇上叩头谢恩，你一定要表现出战战兢兢的样子，这样才可以免除灾祸。

—————— 读与思 ——————

刘歆是刘向的小儿子，因受父亲的影响，从小博览群书，"六艺、传记、诗赋、数术、方技无所不究"，年轻时即受成帝召见，并被任命为黄门侍郎。刘向担心儿子少年得志，不识深浅，忘乎所以，及时写了《诫子歆书》，引董仲舒名言"吊者在门，贺者在闾""贺者在门，吊者在闾"来说明福因祸生、祸藏于福、祸福相依的道理，告诫儿子要牢记古训，在得志时不骄傲，保持头脑清醒，小心谨慎做好本职工作，以求免除祸患。可惜的是，刘歆没有遵循父亲的教诲，先攀附王莽，后谋诛王莽，事泄自杀。

马援：闻人过失，如闻父母之名

马援兄子严、敦，并喜讥议，而通轻侠客。援在交趾，遗书戒之曰："吾欲汝曹闻人过失，如闻父母之名，耳可得闻，口不可得言也。好议论人长短，妄是非正法，此吾所大恶也，宁死不愿闻子孙有此行也。……龙伯高敦厚周慎，口无择言，谦约节俭，廉公有威。吾爱之重之，愿汝曹效之。杜季良豪侠好义，忧人之忧，乐人之乐，清浊无所失。父丧致客，数郡毕至。吾爱之重之，不愿汝曹效也。效伯高不得，犹为谨敕之士，所谓'刻鹄不成尚类鹜'者也。效季良不得，陷为天下轻薄子，所谓'画虎不成反类狗'者也。"

——马援：《诫兄子严敦书》

(家训由来)

本文出自马援所作的《诫兄子严敦书》，马援用自己的道德观念和处世哲学教导其兄子马严和马敦。马援（前14—49年），字文渊，扶风茂陵（今陕西兴平东北）人，东汉开国功臣之一，著名军事家，官至伏波将军，封新息侯，世称"马伏波"。"丈夫为志，穷当益坚，老当益壮"是其名言，又说："男儿要当死于边野，以马革裹尸还葬耳，何能卧床上在儿女子手中邪？"其老当益壮、马革裹尸的英雄气概，受到后人的崇敬。

译文

我兄长的儿子马严和马敦，都喜欢讥讽议论他人，而且爱与侠士结交。我在交趾前线，写信告诫他们："我希望你们听说了别人的过失，像听见了父母的名字，耳朵可以听见，但不可以言语议论。喜欢议论别人的长处和短处，胡乱评论朝廷的法度，这些都是我深恶痛绝的。我宁可死，也不希望听见自己的子孙有这种行为。……龙伯高这个人敦厚诚实，说的话没有什么可以让人指责的。谦约节俭，又不失威严。我喜爱他，敬重他，希望你们向他学习。杜季良这个人是个豪侠，很有正义感，把别人的忧愁作为自己的忧愁，把别人的快乐作为自己的快乐，无论好的人、坏的人都结交。他的父亲去世时，附近几个郡的人都来吊唁。我喜爱他，敬重他，但不希望你们向他学习。这是因为，学习龙伯高不成功，还可以成为谨慎谦虚的人。正所谓雕刻鸿鹄不成可以像一只鹜鸭。一旦你们学习杜季良不成功，那就成了纨绔子弟。正所谓'画虎不成反类狗'了。"

读与思

马援的侄子马严、马敦平时喜好讥评时政、结交侠客，很令他担忧，虽远在交趾（今越南北部）军中，还是写了这封情真意切的信进行劝诫。文章语气恳切，饱含长辈对晚辈的深情关怀和殷殷期待，使受教者感到亲切温暖，易于接受。其"刻鹄不成尚类鹜""画虎不成反类狗"的比喻，形象生动，发人深省，成为传之千古的警句。

严光：九诫

嗜欲者，溃腹之患也；货利者，丧身之仇也；嫉妒者，亡躯之害也；谗慝者，断胫之兵也；谤毁者，雷霆之报也；残酷者，绝世之殃也；陷害者，灭嗣之场也；博戏者，殚家之渐也；嗜酒者，穷馁之始也。

——严光：《九诫》

家训由来

本文出自严光所作的《九诫》。严光（前 39—41 年），又名遵，字子陵，会稽余姚（今属浙江）人，东汉著名隐士。严光年轻时就很有名气，与东汉光武帝刘秀同学，亦为好友，曾积极帮助刘秀起兵。刘秀建立东汉王朝后，严光设馆授徒，归隐著述。刘秀多次延聘严光，但他不为所动，后退居富春山，直至终老。

严光这种不慕富贵、不图名利的思想品格，一直受到后世的称誉。范仲淹撰《严先生祠堂记》，认为严光"使贪夫廉，懦夫立，是大有功于名教也"，写下了"云山苍苍，江水泱泱。先生之风，山高水长"的赞语，更使严光的高风亮节闻名天下。

译文

贪图口福是腐坏肠肚的祸患；贪财好利会引来丧身的后果；嫉贤妒能是亡命的祸害；恶言恶语是砍断小腿的兵器；诽谤诋毁他人会遭到雷电击毙的报应；残暴酷虐是自绝后嗣的祸殃；陷害他人会断子绝孙；赌博会倾家荡产；嗜酒无度是穷困冻馁的开端。

读与思

人们常说，好人一生平安。要想一生平安，就要克服一些缺点，知道哪些事情绝对不能做。著名隐士严光列举了九条不能做的事情，这就是"九诫"。严光认为，人的言行一旦"出格"，做了不该做的事情，说了不该说的话，就可能出现意想不到的灾祸。"九诫"之说，令人惊心。佛教也有"八戒"之说，即"一戒杀生，二戒偷盗，三戒淫邪，四戒妄语，五戒饮酒，六戒着香华，七戒坐卧高广大床，八戒非时食"。佛教信徒破戒的后果，只是影响修行，而一旦违反严光所讲的"九诫"，招来的却是杀身灭族之祸，不可不防。

蔡邕："修心"重于"饰面"

心犹面也，是以甚致饰焉。世人咸知饰面，不知修心。面不饰，愚者谓之丑；心不修，贤者谓之恶。面丑犹可，心恶尚得谓之人乎？故览镜拭面，则思心当洁净；傅脂，则思心当点检；加粉，则思心当明白；泽发，则思心当柔顺；用栉，则思心有条理；立髻，则思心当端正；摄鬓，则思心当整肃。

——蔡邕：《女训》

家训由来

本文出自《女训》，蔡邕所作，是其特意为女儿蔡文姬撰写的。蔡邕（132—192年），字伯喈，东汉末年文学家、书法家、史学家和画家。董卓专权后，蔡邕被任命为左中郎将，后被王允逮捕，死于狱中。著作有《蔡中郎集》。蔡邕的女儿蔡文姬博学多才，擅长文学、音乐、书法。蔡邕被杀时蔡文姬才十六岁，后被南匈奴左贤王所掳，生育两个孩子。曹操统一北方后，花费重金赎回，嫁给董祀。

译文

　　人的心灵如同人的脸面一样，是要精心修饰的。世人都知道洗脸修面，却不知道培养良好的品德。人的脸面不修饰，一般人认为你太丑陋了；人的心灵不向善，有德才的人就认为你太丑恶了。一般人认为脸难看尚且罢了，而德才高的人认为心灵丑陋怎么能容忍得了呢！因此，当照着镜子修饰你的面孔时，要考虑自己心灵的美好与纯洁；当在脸上涂脂时，要考虑心灵的温和与善良；当抹粉时，要考虑心灵的吐故纳新；当在头发上擦油时，要考虑使心灵闪闪发光；当梳头时，要考虑心灵的梳理；当整理发髻时，要考虑自己思想品德的端正；整理鬓发时，要考虑自己心灵的完美。

读与思

　　《女训》的内容以"梳妆"为喻，阐述了外表美与心灵美的关系，强调"修心"比"饰面"更重要，告诫女儿要随时随地加强德性修养，在日常梳理打扮时也不例外。蔡邕认识到美"容"者一时光鲜，美"心"者一生幸福这个道理，因此才谆谆教导女儿，要做个身心皆善的人。

1945 年，毛泽东在中共七大的政治报告中讲道："房子是应该经常打扫的，不打扫就会积满了灰尘；脸是应该经常洗的，不洗也就会灰尘满面。我们同志的思想，我们党的工作，也会沾染灰尘的，也应该打扫和洗涤。"[①]号召共产党员要把解决思想问题、扫除思想"灰尘"作为必修课，常省长省，常扫长扫，日日为继，久久为功。毛泽东的讲话与蔡邕的家训有异曲同工之妙，值得深思。

杨震：死者士之常分

死者士之常分。吾蒙恩居上司，疾奸臣狡猾而不能诛，恶嬖女倾乱而不能禁，何面目复见日月！身死之日，以杂木为棺，布单被裁足盖形，勿归冢次，勿设祭祠。

——范晔：《后汉书·杨震传》

---

① 　《毛泽东选集》第三卷，人民出版社 1991 年版，第 1096 页。

家训由来

本文出自《后汉书·杨震传》。杨震希望自己去世后能够以简朴的方式安葬，以此作为对后世的警示和教育。杨震（？—124年），字伯起，弘农华阴（今陕西省华阴市）人，东汉名臣，官至司徒、太尉。他为官正直，不屈权贵，屡次上疏直言时政之弊，被罢免。杨震被遣返回乡的途中饮鸩而卒，后平反。

译文

为国而死是读书人的本分。我承蒙国恩身居高位，痛恨奸臣狡猾却不能惩处他们，厌恶后宫作乱却不能禁止她们，还有什么脸面再见天地日月！我死的那天，用杂木做棺材，用布单薄被盖住形体即可，不要埋进祖坟，不要设祠祭祀。

读与思

"杨震却金"的故事流传至今。杨震路过昌邑县时，从前他推举的王密任昌邑县令，去看望杨震，并怀金十斤相赠。杨震说："老朋友了解你，你为什么不了解老朋友呢？"王密说："现在是深夜，没有人会知道。"杨震说："天知、神知、我知、你知，怎么说没有人知道呢。"

王密惭愧地离开。后来王密用此金修建了一座亭子，命名为"四知亭"。从此之后，杨家堂号名为"四知堂"。

杨震公正廉明，不接受私人的请托。他的子孙蔬食徒步，生活俭朴，一些老朋友和长辈劝他为子孙置备产业。杨震说："让后世的人称他们为'清白吏'的子孙，这样的留赠还不丰厚吗？"

东汉时期，朝廷实行三公九卿制，太尉、司徒、司空称三公，是辅佐皇帝的重臣。自杨震入仕，到儿子杨秉、孙子杨赐、曾孙杨彪四代都坐到了三公的位置，被称为"四世三公"。

作为中华民族的一代名儒廉吏，杨震给后人留下了丰富的文化遗产，他的"四知家声""清白家风"至今仍然散发着无穷的魅力，代代相传。"四知堂""清白堂"走出弘农，遍布各地，延及海外，影响深远。李白曾作诗称赞杨震说："关西杨伯起，汉日旧称贤。四代三公族，清风播人天。"

崔瑗：无道人之短，无说己之长

无道人之短，无说己之长；施人慎勿念，受施慎勿忘；

世誉不足慕，唯仁为纪纲；隐心而后动，谤议庸何伤？

无使名过实，守愚圣所臧；在涅贵不缁，暧暧内含光；

柔弱生之徒，老氏诫刚强；行行鄙夫志，悠悠故难量；

慎言节饮食，知足胜不祥。行之苟有恒，久久自芬芳。

——崔瑗：《座右铭》

家训由来

本文出自崔瑗所作的《座右铭》。崔瑗（77—142年），字子玉，东汉涿郡安平（今河北省安平县）人，著名书法家，尤善草书，是中国历史上第一个被尊称为"草圣"的书法家。崔瑗父亲崔骃、儿子崔寔、侄子崔烈都是著名的学者。《后汉书·崔骃传》称："崔氏世有美才，兼以沉沦典籍，遂为儒家文林。"这篇座右铭流传很广，许多书法家都以此为蓝本，创作书法名作，以清代邓石如的隶书、吴熙载的篆书最为有名。

译文

不要津津乐道于人家的短处，不要夸耀自己的长处。施恩于人不要再想，接受别人的恩惠千万不要忘记。

世人的赞誉不值得羡慕，只要把仁爱作为自己的行动准则就行了。隐藏自己的真心，不要盲动，审度是否合乎仁而后行动，别人的诽谤议论对自己又有何妨害？

不要使自己的名声超过实际，守之以愚是圣人所赞赏的。表面上暗淡无光，而内在的东西蕴含着光芒。

柔弱是生存的根本，因此老子力戒逞强好胜，刚强者必死。浅陋而固执，小人以此为美德而坚持。君子悠悠，内敛而不锋芒毕露，别人就难以捉摸透啊！

君子要慎言，节饮食，知足不辱，故能去除不祥。如果能持之以恒践行以上原则，久而久之自然会赢得美好的声望。

读与思

"座右铭"是文体的一种，放在座位右边起鞭策、勉励作用。崔瑗的这篇《座右铭》开创了一种文体，可谓"天下第一座右铭"。这则铭文每句五字，共二十句，一百字，表达了作者为人处世的基本态度和基本立场，其中每两句构成一层意思，而且这两句的意思往往又是相反、相对甚至相矛盾的。作者正是通过这种对立、矛盾，突出了主观选择的价值和意义，反映了当时较为普遍的价值观念。

崔瑗从日常生活中常见的现象阐明自己做人的原则：唯仁为纪纲。指出自己做人的方式：外柔内刚，以柔取胜。阐释的道理十分深刻：抱定善心，在正确的道路上持之以恒，生活就不会太黯淡，人生就不会太落寞，生命的底色就不至于太灰暗。

难能可贵的是，崔瑗不仅以铭文警诫自己，而且一生身体力行，为后世钦佩。

张奂：年少多失，改之为贵

汝曹薄祜，早失贤父，财单艺尽，今适喘息。闻仲祉轻傲耆老，侮狎同年，极口恣意。当崇长幼，以礼自持。闻敦煌有人来，同声相道，皆称叔时宽仁。闻之喜而且悲，喜叔时得美称，悲汝得恶论。经言："孔子于乡党，恂恂如也。"恂恂者，恭谦之貌也。经难知，且自以汝资父为师，汝父宁轻乡里邪？年少多失，改之为贵。蘧伯玉年五十，见四十九年非，但能改之。不可不思吾言。不自克责，反云："张甲谤我，李乙怨我，我无是过尔。"亦已矣。

——张奂：《诫兄子书》

家训由来

张奂（104—181年），字然明，敦煌渊泉（今甘肃玉门西北）人，东汉时期名将、学者，"凉州三明"之一。

译文

你们兄弟缺少神灵的护佑，很小就失去了父亲，家里没有什么钱财，你们也缺乏谋生的技艺，现在才刚刚有所好转。听说仲祉不尊重老年人，侮辱取笑同辈人，随心所欲，信口开河。无论老幼，都应当尊重，用礼节约束自己。听说从敦煌过来的人，异口同声地称赞你们的父亲叔时宽厚仁慈。我听说之后，既高兴又悲伤，高兴的是你们的父亲叔时获得了好名声，悲伤的是你得到的是不好的议论。经书上说，孔子与乡邻相处时"恂恂如也"。"恂恂"就是恭敬谦虚的样子。经书上说的难以核实，但是你应该以你父亲为榜样，想想看，你父亲难道轻慢过父老乡亲吗？年轻人往往会犯错误，改正了就是可贵的。贤人蘧伯玉五十岁的时候，反思了自己四十九岁以前的过错，予以改正。你不能不思考我说的话。如果你不但不自责，反而归咎别人苛待自己，说"张三诽谤我，李四怨恨我，我没有这些错误"，那你就无可救药了。

读与思

张奂善于用对比的方法教育侄子。通过过去与现在的对比，告诫侄子珍惜当下的生活；通过兄弟俩所作所为的对比，表扬做得好的，鞭策做得不好的；通过经书所说与侄子的父亲所作对比，教育侄子向父亲学习；通过侄子做错事与蘧伯玉知错能改对比，要求侄子及时改正错误，回到正确的道路上来。

　　教育自己的孩子难，教育侄子更难。教育侄子更应该注重方式方法，使其易于接受。在这方面，马援和张奂为我们树立了榜样。

第三章

三国两晋南北朝经典家训

三国两晋南北朝时期，起于 220 年曹丕建立魏国，止于 589 年隋朝灭陈，重新建立大一统政权，前后三四百年时间。这一时期被称为中国历史上的"离乱"年代，是中国历史上建立政权最多、政权更迭最频繁的时期之一，先有魏蜀吴三足鼎立，继之有魏晋南北朝民族大融合。西晋灭亡后，北方的政权先后有北魏、东魏、西魏、北齐、北周，南方的政权相继有东晋、宋、齐、梁、陈。在民族大融合的过程中，社会动荡，战乱频仍，百姓饱受颠沛流离之苦。这一时期发挥了"继汉开唐"的作用，新事物不断萌生，新思想、新观念不断涌现。中国文化的发展也呈现新特点，即玄学兴起、佛教输入、道教勃兴。

　　这一时期的家训数量急剧增多，名家名作如雨后春笋，并产生系统化的家训著作，如曹操的《内诫令》、诸葛亮的《诫子书》，尤其是颜之推的《颜氏家训》，规模宏大，内容丰富，涉及社会生活的方方面面，把家训文化推向高峰。这些家训，既有深远的教育意义，也有极高的文学价值、史学价值，在中国家训史上宛若灿烂群星，历久弥新。

曹操：家内不得熏香

吾衣被皆十岁也，岁岁解浣补纳之耳。

……

孤有逆气病，常储水卧头。以铜器盛，臭恶。前以银作小方器，人不解，谓孤喜银物，令以木作。

昔天下初定，吾便禁家内不得香薰。后诸女配国家为其香，因此得烧香。吾不好烧香，恨不遂所禁，令复禁不得烧香。其以香藏衣着身亦不得。

——曹操：《内诫令》

家训由来

本文出自曹操所作的《内诫令》。曹操（155—220年），字孟德，小名阿瞒，沛国谯县（今安徽亳州）人，东汉末年杰出的政治家、军事家、文学家、书法家，三国时期曹魏政权的缔造者。曹操"挟天子以令诸侯"，取得政治上的优势；三次发布"求贤令"，唯才是举，打破世族门第观念，选拔和任用中下层有才能的人，统一中国北方。《资治通鉴》评价曹操有"十胜"，即"道、义、治、度、谋、德、仁、明、文、武"。主要代表作有《短歌行》《蒿里行》等。

译文

我的衣服都穿了十年以上，被褥也用了十年以上，每年拆洗缝补一下还接着用。

……

我有逆气病，常要用水浸头。用铜器盛水，气味不好。前些日子改用银制小方器，别人不理解，以为我喜欢银物，就令人做了一个木盆。

过去天下刚刚稳定的时候，我就严格禁止家人薰香。后来，女儿嫁给汉献帝，成为皇家的人，才可以熏香。我不熏香，也严禁家人熏香，但是没有办法禁止嫁给皇帝的女儿熏香，成为人生的憾事。家里人衣服里不能放香，身上也不能放香。

读与思

　　曹操是伟大的政治家，在治家上也颇为用心。为了整饬内务，他曾专门颁布了《内诫令》，对家眷的吃喝用度作了严格的规定，例如严禁家属焚香。东汉时期，人们喜欢薰香，曹操的谋士荀彧，人称"荀令香"，或称"令君香"，说明薰香已成为当时上层社会的时尚。而曹操从俭省节约和引领社会风气的角度出发，从自家做起，严禁家内薰香。曹操厉行节俭，还把节俭作为选拔官吏的标准，因此朝野上下形成了俭朴节约的良好风气。曹操对自己要求更为严格，即使是治疗疾病、减轻痛苦所用的物品也尽量用普通材质的，以免世人误解。

　　《内诫令》是曹操给自己和儿女们规定的节俭生活准则，但是此戒令的意义远不止于此。它不仅为曹魏后人留下了一笔丰厚的遗产，也为当今社会留下了宝贵财富。让我们明白，每一位领导干部，不但要管好自己，还要约束好自己的家属和子女，管好自己身边的人，这样社会才能风清气正、国泰民安。

刘备：勿以恶小而为之，勿以善小而不为

朕初疾但下痢耳，后转杂他病，殆不自济。人五十不称夭，年已六十有余，何所复恨？不复自伤，但以卿兄弟为念。射君到，说丞相叹卿智量，甚大增修，过于所望，审能如此，吾复何忧？勉之，勉之！勿以恶小而为之，勿以善小而不为。惟贤惟德，能服于人。汝父德薄，勿效之。可读《汉书》《礼记》，闲暇历观诸子及《六韬》《商君书》，益人意智。闻丞相为写《申》《韩》《管子》《六韬》一通已毕，未送，道亡，可自更求闻达。

——刘备：《遗诏敕后主》

家训由来

本文出自刘备所作的《遗诏敕后主》。刘备（161—223 年），字玄德，涿郡涿县（今河北涿州）人，三国时期蜀汉的建立者。刘备虽然出身皇族后裔，但世数悠远，少年时曾以贩卖鞋子、编织席子为生，被讥笑为"织席贩履之辈"，民间也流传着"刘备卖履（织席）——内行"的歇后语。黄巾起义爆发后，刘备与关羽、张飞结为兄弟，招兵买马，延揽豪杰，发展成为一支重要势力。后三顾茅庐，请诸葛亮出山，进军西川，建立蜀汉政权，与魏、吴鼎足而立。刘备死后，被谥为昭烈皇帝，世称"先主"，其子刘禅相应地被称为"后主"。

译文

　　我刚刚得病，只是一点小病，后来因为这又得了更重的病，我知道自己就要离开人世了。人们说五十岁死的人不能称为"夭折"，我已经六十多岁了，又有什么可遗憾的呢？我已经不再为自己伤感了，却很惦念你们兄弟。射君来的时候，说丞相惊叹你的智慧和气量，有很大的进步，远远超过我所期望的，如果真是这样，我还有什么可忧虑的呢？继续努力，继续努力！不要因为坏事很小就去做，不要因为善事很小就不去做。培养贤德的品质，才能够使别人信服。你的父亲德行不深厚，你不要效仿。可以阅读《汉书》《礼记》，找时间看一下诸子百家的书和《六韬》《商君书》，对你增长智慧会很有帮助。听说丞相已经为你编写了《申》《韩》《管子》《六韬》这些书籍，还没有送给你，就在路途中丢失了。你可以自己去学习这些东西。

读与思

　　刘备为报东吴袭取荆州、杀害关羽之仇，一时意气用事，亲率大军进攻东吴，在夷陵之战中惨败。刘备愤懑、悔疚，从此一病不起。弥留之际，国事家事一齐涌上心头。他觉得有些话应该告诉儿子们，就命人连夜把丞相诸葛亮和两个儿子叫来见他，只留刘禅守成都。《遗诏敕后主》是刘备写给儿子刘禅的遗诏。

刘备作为一个父亲和帝王，临终前对儿子的教诲可谓煞费苦心。千百年来，"勿以恶小而为之，勿以善小而不为"已成为治家教子的著名格言，广为流传，刘备的遗诏也成为帝王家训中的名篇。

孙权：人谁无过，贵其能改

自吾与北方为敌，中间十年，初时相持年小，今者且三十矣。孔子言"三十而立"，非但谓五经也。授卿以精兵，委卿以大任，都护诸将于千里之外，欲使如楚任昭奚恤，扬威于北境，非徒相使逞私志而已。近闻卿与甘兴霸饮，因酒发作，侵陵其人，其人求属吕蒙督中。此人虽粗豪，有不如人意时，然其较略，大丈夫也。吾亲之者，非私之也。吾亲爱之，卿疏憎之，卿所为每与吾违，其可久乎？夫居敬而行简，可以临民；爱人多容，可以得众。二者尚不能知，安可董督在远，御寇济难乎？卿行长大，特受重任，上有远方瞻望之视，下有部曲朝夕从事，何可恣意有盛怒邪？人谁无过，贵其能改，宜追前愆，深自咎责。今故烦诸葛子瑜重宣吾意。临书摧怆，心悲泪下。

——孙权：《让孙皎书》

家训由来

本文出自孙权所作的《让孙皎书》。孙权（182—252年），字仲谋，吴郡富春（今浙江省杭州市富阳区）人，著名的政治家、军事统帅。十八岁时，兄长孙策遇刺身亡，孙权在父兄创业的基础上，重用张昭、周瑜等人，招延俊秀，聘求名士，分部诸将，镇抚山越，征讨反抗势力，在东汉末年群雄割据中打下了江东基业，成为三国时期孙吴的开国皇帝（229—252年在位），称"吴大帝"。曹操曾称赞孙权说，"生子当如孙仲谋"。

译文

自从我与北方为敌，中间已有十年了，起初与北方相对立时你年纪还小，现在已将近三十岁了。孔子有言"三十而立"，不只是指学习五经的事。让你统率精兵，担当大任，统领诸将于千里之外，是想让你像楚国任用昭奚恤一样，扬威于北部边境，不是白白地让你放纵个人意志。最近听说你与甘兴霸饮酒，因酒醉发作，侵犯了他，他请求归属吕蒙管辖。此人虽说粗鲁豪放，有不尽如人意的地方，然而他总还算是个大丈夫。我亲近他，并非偏爱他。我亲近爱护他，你却疏远憎恶他，你所做的常与我的做法相背离，这样可以长久吗？居家待人以敬，行事讲求简明，就可以统治百姓；以仁爱待人，宽容大度，就能得到众人拥护。对这两件事都不理解，怎么能够率领大军在远方抵御敌人、解救危难呢？你日益长大，特地授予重任，上有远方瞻望期待，下有亲兵朝夕相从，怎么可以任性地大发脾气呢？人孰无过，贵在能改，应追记从前过失，深切地进行自我反省。现特意麻烦诸葛子瑜着重强调我的想法。写这封信时，我心里很难过，泪随笔落。

读与思

孙皎是吴国宗室、孙权的堂弟。孙皎曾因为小事与甘宁争吵负气，孙权听说后便写了这么一封家书，教导孙皎待人以敬、宽容大度。其中"人谁无过，贵其能改"一句已成名言。孙皎接到这封信后，仔细阅读，深受教育，于是上疏谢罪，改过自新，与甘宁和好，并建立深厚交情。

诸葛亮：淡泊明志，宁静致远

夫君子之行，静以修身，俭以养德。非淡泊无以明志，非宁静无以致远。夫学须静也，才须学也，非学无以广才，非志无以成学。淫慢则不能励精，险躁则不能治性。年与时驰，意与日去，遂成枯落，多不接世，悲守穷庐，将复何及！

——诸葛亮：《诫子书》

家训由来

本文出自诸葛亮所作的《诫子书》。诸葛亮（181—234年），字孔明，号卧龙，琅邪阳都（今山东沂南）人，曾在湖北襄阳避难读书。诸葛亮是三国时期蜀汉丞相，杰出的政治家、军事家、散文家、书法家、发明家。他在世时被封为武乡侯，死后追谥忠武侯，故后世常以"武侯""诸葛武侯"尊称诸葛亮。

译文

品德高尚、德才兼备的人，用宁静来修身，用俭朴来涵养品德。不看轻世俗的名利就不能表明自己的志向，不静心思考就不能实现远大的目标。学习必须静心，才识需要学习，不学习就不能增长才识，不立志学习就不能成功。放纵懈怠就不能励精求进，轻薄浮躁就不能修养性情。年龄随着光阴飞逝，志向随着年龄消退，最后精力衰竭，大多对社会没有任何贡献，只能悲哀地坐守着贫寒的居舍，多么可悲啊。那时候再学习哪里还来得及啊！

读与思

《诫子书》是诸葛亮晚年写给他八岁的儿子诸葛瞻的一封家书，成为后世修身立志的名篇。诸葛亮为了建立、巩固蜀汉政权和光复汉室日夜操劳，顾不上亲自教育儿子，于是写下这封书信告诫诸葛瞻。诸葛亮对儿子的殷殷教诲与无限期望尽在这八十多个字中。

公元 263 年，魏国征西将军邓艾奇袭阴平，诸葛瞻率军抵抗，在绵竹战役中英勇奋战，力竭而死。诸葛瞻之子诸葛尚听说后，叹息说："我们父子受了国家那么多的恩惠，而没有提早斩除黄皓，以致惨败，还有什么面目活下去呢！"于是冲入阵内战死。父子二人壮烈殉国，用行动和生命践行了诸葛亮的谆谆教诲。

诸葛亮：志当存高远

夫志当存高远，慕先贤，绝情欲，弃凝滞，使庶几之志，揭然有所存，恻然有所感。忍屈伸，去细碎，广咨问，除嫌吝，虽有淹留，何损于美趣，何患于不济？若志不强毅，意不慷慨，徒碌碌滞于俗，默默束于情，永窜伏于凡庸，不免于下流矣。

——诸葛亮：《诫外甥书》

家训由来

本文出自诸葛亮所作的《诫外甥书》。诸葛亮一生为蜀汉政权鞠躬尽瘁、死而后已，是中国传统文化中忠臣与智者的代表人物。杜甫写诗称赞道："功盖三分国，名成八阵图。""诸葛大名垂宇宙，宗臣遗像肃清高。""三顾频烦天下计，两朝开济老臣心。出师未捷身先死，长使英雄泪满襟。"

译文

一个人应该树立远大的理想，追慕先贤，节制情欲，去掉郁结在胸中的俗念，将自己的远大志向树立起来，并不断地用它激励自己。忍受屈辱和挫折，不局限于琐碎的事情，广泛地学习，去掉疑惑、吝啬，即使未能得到提拔、录用，对于自己的美好志趣也没有什么损害，何愁理想不能实现呢？如果意志不坚定，意气不昂扬，沉溺于习俗私情，碌碌无为，就会永远处于平庸的地位，甚至沦落到下流社会。

读与思

诸葛亮教育儿子，留下了千古家训《诫子书》；同时，他也注重对其他亲属的培养，写下的《诫外甥书》同样成为千古名篇。诸葛亮有两个姐姐，二姐所生儿子叫庞涣，深得诸葛亮喜爱。《诫外甥书》就是写给庞涣的。在这封信中，诸葛亮教导庞涣应该立志、修身、成才。如果说《诫子书》强调了"修身学习"的重要性，那么《诫外甥书》则阐述了"立志做人"的重要性。一个人如果志存高远、意志坚定，加之缜密地思考，果断地行动，就能成就一番事业。反之，如果没有志向，意志薄弱，就会庸庸碌碌过一生，后悔莫及。

诸葛亮的《诫子书》和《诫外甥书》可以说是家训中的两块瑰宝，教人规避生活中的陷阱，指引人生前进的方向。

嵇康：人无志，非人也

人无志，非人也。但君子用心，所欲准行，自当量其善者，必拟议而后动。若志之所之，则口与心誓，守死无二，耻躬不逮，期于必济。若心疲体懈，或牵于外物，或累于内欲，不堪近患，不忍小情，则议于去就；议于去就，则二心交争；二心交争，则向所以见役之情胜矣。或有中道而废，或有不成一匮而败之。以之守则不固，以之攻则怯弱，与之誓则多违，与之谋则善泄。临乐则肆情，处逸则极意。故虽繁华熠熠，无结秀之勋；终年之勤，无一旦之功。斯君子所以叹息也。

——嵇康：《家诫》

家训由来

本文出自嵇康所作的《家诫》。嵇康（223—262年，或224—263年），字叔夜，谯郡铚县（今属安徽涡阳）人，三国时期曹魏思想家、音乐家、文学家。嵇康自幼聪颖，喜爱老庄学说，博览群书，广习诸艺，娶魏武帝曹操曾孙女长乐亭主为妻，曾任中散大夫，世称"嵇中散"。司马氏当权后，隐居不仕，屡拒为官。因得罪司隶校尉钟会，遭构陷，被司马昭处死，时年四十岁。

嵇康与阮籍、山涛、向秀、刘伶、王戎、阮咸等名士共倡玄学新风，主张"越名教而任自然""审贵贱而通物情"。他们常在当时的山阳县（今河南省焦作市修武县云台山一带）的竹林之下饮酒、纵歌，高谈玄学，被称为"竹林七贤"。"竹林七贤"的事迹与遭遇对于后世的社会风气与价值取向产生了较大影响。

译文

人没有志向，就不能算作真正的人。君子要用心，按规范行事，自然应当衡量事情的善恶，一定要先计划商议后行动。如果事情是心志所追求的，就要做到心口合一，坚定不移到死也不改变。亲身去做未达目的则应感到羞愧，应期盼事情一定成功。如果身心疲惫懈怠，或者牵累于外物的诱惑，或者牵累于内心的欲望，不能忍受眼前的忧患，不能忍受小事引发的感情波动，就会犹豫而无所适从；犹豫于去就之间，便会产生两种思想的斗争；两种思想互相斗争，被私欲杂念支配的思想便会获胜。因而有的人半途而废，有的人功亏一篑。这时，用"志"坚守便不会牢固，用"志"进攻则懦弱胆怯。与"志"盟誓则大多违约，与"志"谋事则容易泄密。这样的人面临声色则放纵欲望，身处安逸则任意妄为。所以，有的人看起来光鲜亮丽，却没有做出成绩的能力；有的人终年忙忙碌碌，却不会有功成名就的结局。这就是君子叹息的原因啊。

读与思

在《家诫》中，嵇康以儒家名教教育子弟，把"立志"看作做人的基本要求。嵇康所指的"立志"是儒家所反复强调的"士志于道"，即做一名仁人君子。除"立志"之外，在为人处世方面，《家诫》还要求子弟要善处浊世，小心谨慎，凡事要讲仁义、礼让、谦恭、廉耻、忠烈。言语"不可不慎"，因为言多语失，祸多由此生。要注意交往中的礼节，学会保全性命的人生智慧。

《家诫》中的这些思想，大多是针对魏晋之际政治动乱不安、社会风气污浊，以致祸乱频生、朝不保夕的现象而阐发的。这种明哲保身的家教思想后来在颜之推的《颜氏家训》中得以发挥。

王祥：信、德、孝、悌、让为立身之本

夫言行可覆，信之至也；推美引过，德之至也；扬名显亲，孝之至也；兄弟怡怡，宗族欣欣，悌之至也；临财莫过乎让。此五者，立身之本。

——王祥：《训子孙遗令》

家训由来

本文出自王祥所作的《训子孙遗令》。王祥（184—268年），字休徵，琅邪临沂（今山东省临沂市）人，三国曹魏及西晋时大臣，书圣王羲之的族曾祖父。王祥侍继母至孝，为二十四孝之一"卧冰求鲤"的主人公，有"孝圣"之称。在曹魏，历任县令、大司农、司空、太尉等职，封万岁亭侯，为三老。及司马炎建晋，晋爵为公。享年八十五岁。

译文

说和做能一致且经得住时间的考验，是诚信的最高境界；把荣誉让给他人，把责任留给自己，是德行的最高境界；自己修德、立业、扬名，使父母名扬尊显，是孝的最高境界；兄弟相处融洽，家族和睦兴旺是悌的最高境界；面对财物最好的态度是能够谦让。这五个方面，是人立身处世的根本。

读与思

王祥的临终遗嘱《训子孙遗令》，是琅邪王氏家训的源头。王祥是琅邪王氏家族发展史上的重要人物之一。

琅邪王氏是我国古代的门阀士族，居晋代四大盛门"王谢袁萧"之首，素有"华夏首望"之美誉。琅邪王氏开基于两汉，鼎盛于魏晋，史称"王与马，共天下"。据记载，从东汉至明清的一千七百多年间，琅邪王氏共培养出了以王吉、王导、王羲之、王元姬等人为代表的三十五个宰相、三十六个皇后、三十六个驸马和一百八十六位文人名士。

在《训子孙遗令》中，王祥告诫子孙立身之本有五项：信、德、孝、悌、让。做到这五个方面，人生就圆满了。五字家训，可谓言简意赅，字字珠玑。

向朗：天地和则万物生

《传》称：师克在和不在众。此言天地和则万物生，君臣和则国家平，九族和则动得所求，静得所安。是以圣人守和，以存以亡也。吾，楚国之小子耳。而早丧所天，为二兄所诱养，使其性行不随禄利以堕。今但贫耳，贫非所患，惟和为贵，汝其勉之！

——陈寿：《三国志·蜀书·向朗传》

家训由来

本文是向朗对其子表达其对和谐重要性的认识的一篇文章。向朗（约 167—247 年），字巨达，襄阳郡宜城县（今湖北省宜城市）人，三国时期蜀汉官员、藏书家、学者。向朗开创了历史上私人藏书对外开放、利用藏书教导世人的先河，受到举国尊重。

译文

《左传》说：打胜仗在于精诚团结，一致对敌，而不在于人多。这就是说：天地和顺则万物滋生，君臣和洽则国家平安，九族和睦则动得所求，静得所安。所以圣人保持和谐，面对生存死亡，泰然自若。我是楚国的小人物，早年就失去了父母，为二兄所护养，使我的性情品行没有因贪求禄利而堕落。现在不过是清贫而已，但清贫不是人所担心的，只有和谐才是最宝贵的，你应该在这方面努力！

―――――― 读与思 ――――――

　　这篇诫子书根据历史记载、天地万物生长的规律和自身经历告诫自己的孩子，要做到一个"和"字：人际关系要和谐，家族要和睦，国家要团结一致。这在混战不已的三国时代更是难得，对保全家族、保住个人生命和名节具有现实意义，而不仅仅在于一般的修身进德。向氏一族一直"动得所求，静得所安"，子孙后代中出了许多能臣名流。后人向秀为"竹林七贤"之一，嵇康遇害后，写下著名的《思旧赋》。

王肃：酒过则为患，不可不慎

　　夫酒，所以行礼、养性命、欢乐也，过则为患，不可不慎。是故宾主百拜，终日饮酒而不得醉，先王所以备酒祸也。凡为主人饮客，使有酒色而已，无使至醉；若为人所强，必退席长跪，称父诫以辞之。敬仲辞君，而况于人乎？为客又不得唱造酒史也。若为人所属，下坐行酒，随其多少，犯令行罚，示有酒而已，无使多也。祸变之兴，常于此作，所宜深慎。

――王肃：《家诫》

家训由来

本文出自王肃所作的《家诫》。王肃（195—256年），字子雍，东海郡郯县（今山东省临沂市郯城）人，三国时期曹魏著名经学家，司徒王朗之子。王肃曾遍注群经，对今、古文经义加以综合；又以其深厚的文化底蕴，借鉴《礼记》《左传》《国语》等，编撰了《孔子家语》等书，将其精神理念纳入官学。其所注经学在魏晋时期被称作"王学"。到了唐代，王肃作为"二十二先贤"之一配享孔庙，宋真宗时追赠司空。

译文

说到饮酒，就是表示礼貌，涵养性情，给人以欢乐的。但喝酒过多，就会带来祸患。因此，对喝酒不可不慎重对待。从前，在各种场合的酒席上，宾主相互敬酒多次，就是从早到晚整天饮酒也喝不醉，那是因为圣贤们都知道防备因酒醉引出的祸端，喝得很少。凡是以主人的身份招待客人喝酒，要掌握分寸，使客人脸上稍稍有些酒色就可以了，不能把客人灌醉；如果主人强人所难，一味强劝客人多喝，客人必定会很礼貌地说家父有嘱咐，不让多喝酒，然后告退。陈敬仲就连君主要他做卿相的好意都能谢绝，何况一般的劝酒呢？作为客人喝酒，更不能带头多喝，不能相互劝酒、罚酒，要允许各人自便，不要使人家喝得过多。

如果在酒席上做行酒之人，那么，依令行罚，只要有酒就可以，不要让人家喝多。祸患的兴起，常常是因为喝酒过量，这是应该谨慎对待的。

读与思

古往今来，很多祸患常常跟喝酒有关系，一定要特别慎重。古代家训中谈到饮酒问题的也不少，但专门讲喝酒这个主题的，大约只有王肃一人。在这则家训中，王肃不仅讲到饮酒过量的祸患，而且具体讲到辞酒的办法，设想了各种辞酒的理由。古人为子孙考虑得如此周到，难能可贵啊。

王昶：行事加九思

及其用财先九族，其施舍务周急，其出入存故老，其论议贵无贬，其进仕尚忠节，其取人务实道，其处势戒骄淫，其贫贱慎无戚，其进退念合宜，其行事加九思。如此而已，吾复何忧哉？

——陈寿：《三国志·魏书·王昶传》

家训由来

本文是王昶教育后世的处世之道。王昶（？—259 年），字文舒，太原郡晋阳县（今山西省太原市）人，三国时期曹魏将领，东汉代郡太守王泽之子，曹魏、西晋时期为朝廷重臣。陈寿称赞他是"国之良臣，时之彦士"。

译文

使用钱财时首先考虑家族成员，施舍时注意周济那些急需的人，出门时要思念长辈，回乡时要慰问故旧和老年人，议论时不要贬低别人，做官要崇尚尽忠尽节，衡量人要看其主张和实际表现，处世要戒骄戒淫，贫贱时切勿忧愁，进与退要想到是否适宜，做事之前要反复思考。你们如果这样做了，我还有什么可忧虑的呢？

读与思

王昶要求子侄"其行事加九思"，在做事的时候、与人交往的时候，能够从九个方面加以考虑。这里的"九思"，既从列举的九个方面考虑问题，也包含了"多"的意思，即常常观照自己，自省自律。

在这则家训中，王昶发挥了孔子在《论语》里面讲的"君子有九思"的思想，即"视思明，听思聪，色思温，貌思恭，言思忠，事思敬，疑思问，忿思难，见得思义"。人生在世，如果做到了行事九思，就可以让父母高枕无忧了。

王羲之：上治下治，敬宗睦族

上治下治，敬宗睦族。执事有恪，厥功为懋。敦厚退让，积善余庆。

——《金庭王氏族谱》

家训由来

本文出自《金庭王氏族谱》，由王羲之后世总结。王羲之（303—361年），字逸少，号澹斋，他是琅邪临沂（今山东省临沂市）人，东晋时期著名书法家，有"书圣"之称。东晋永和六年（350年）定居会稽，晚年隐居剡县金庭（今浙江嵊州市金庭镇）。其历任秘书郎、宁远将军、江州刺史，后为会稽内史，领右军将军。他一身正气、为官清廉、关爱百姓、乐于助人。组织兰亭诗会，倡导回归自然。其书法兼善隶、草、楷、行各体，摆脱了汉魏笔风，自成一家，被誉为"尽善尽美"和"古今之冠"。其代表作《兰亭序》（又名《兰亭集序》）被誉为"天下第一行书"。在书法史上，他与儿子王献之合称为"二王"，影响深远。

译文

国治家治，家国同治；孝敬长辈，和睦家族；管事办事，讲究法度；谨慎严密，遵守规矩。立功尽职，人之本分；不应自傲，更需努力。品行忠厚，礼让三分；多做善事，造福子孙。

读与思

王羲之的家训，只有短短的二十四个字，却显现出"书圣"超脱、豪放的魏晋风度和家国同治、敦厚退让的儒家入世精神。王羲之的言行操守和治家理念与精湛的书法艺术，同为中华民族的瑰宝，世代传承，泽被后世。

羊祜：恭为德首，慎为行基

吾少受先君之教，能言之年，便召以典文；年九岁，便诲以《诗》《书》，然尚犹无乡人之称，无清异之名。今之职位，谬恩之加耳，非吾力所能致也。吾不如先君远矣！汝等复不如吾。谘度弘伟，恐汝兄弟未之能也；奇异独达，察汝等将无分也。恭为德首，慎为行基。愿汝等言则忠信，行则笃敬。无口许人以财，无传不经之谈，无听毁誉之语。闻人之过，耳可得受，口不得宣，思而后动。若言行无信，身受大谤，自入刑论，岂复惜汝？耻及祖考。思乃父言，纂乃父教，各讽诵之。

——羊祜：《诫子书》

家训由来

本文出自羊祜所作的《诫子书》。羊祜（221—278年），字叔子，泰山南城（今山东平邑南）人，西晋著名的战略家、军事家和政治家。羊祜出身于汉魏名门士族之家，博学能文，清廉正直。

译文

我从小就受到父亲的教导，到了能写字的年龄，他就教我学习典籍文献；到了九岁，便教我学《诗经》《尚书》，但是那时还没有得到家乡人的称誉，还没有特别的才能。今天我所得到的官职地位，可以说是皇帝误把恩惠赐予我罢了，并不是我的能力所能达到的。我远不如我的父亲，你们又不如我。见解高深，志向远大，恐怕你们兄弟还没有这个能力；才能非凡，智慧通达，看来你们也没有这样的天分。谦恭居于品德的首位，谨慎是行为的根本，希望你们说话要踏实守信，行为要笃厚虔敬，不要随口许诺给人财物，不要传播没有根据的言论，不要偏信别人的诽谤和赞誉。有人谈论别人的过失，耳朵可以听，嘴巴不能外传，凡事要经过深思熟虑然后再付诸行动。倘若说话做事不讲信用，就会受到他人的强烈批评和指责，自己陷入是非官司之中，难道有谁会来怜惜你们吗？如果这样，你们的耻辱还会殃及祖先。好好想想你们父亲的话，听从你们父亲的教诲，每个人都要认真温习和背诵它。

读与思

从羊祜起上溯九世，羊氏各代皆有人出仕二千石以上的官职，并且都以清廉有德著称。晋朝取代曹魏后，司马炎有吞并吴国之心，命令羊祜坐镇襄阳，都督荆州诸军事。在之后的十年里，羊祜一方面屯田兴学，以德怀柔，深得军心民心；另一方面整顿军备，训练士卒，为征伐东吴做好了军事和物质准备。

在《诫子书》中，羊祜语重心长地向儿子讲授了人生的处世哲学，训诫儿子要重视自己的品德修养，诚实守信，待人宽厚，不随便许人钱财，不传播无根据的闲话，不轻信诽谤之词，真正做到"恭为德首，慎为行基"。

《诫子书》饱含着羊祜对后辈的谆谆教导和殷切期盼，爱子之心，跃然纸上。

陶侃母：以官物遗我，徒增吾忧

陶侃母湛氏，豫章新淦人也。

……

侃少为寻阳县吏，尝监鱼梁，以一坩鲊遗母。湛氏封鲊及书，责侃曰："尔为吏，以官物遗我，非惟不能益吾，乃以增吾忧矣。"

鄱阳孝廉范逵寓宿于侃，时大雪，湛氏乃彻所卧新荐，自锉给其马，又密截发卖与邻人，供肴馔。逵闻之，叹息曰："非此母，不生此子。"侃竟以功名显。

——房玄龄：《晋书·陶侃母湛氏传》

家训由来

陶母是东晋大臣陶侃的母亲，我国历史上"四大贤母"之一。

陶侃（259—334年），字士行，一作士衡，庐江寻阳（今江西九江西南）人，东晋名将。陶侃出身贫寒，初任县吏，逐渐显达，先后任武昌太守、荆州刺史，后官至侍中、太尉、荆江二州刺史、都督八州诸军事，封长沙郡公。陶侃去世后获赠大司马，谥号"桓"。著名田园诗人陶渊明为其曾孙。

译文

陶侃的母亲湛氏，是豫章新淦人。

……

陶侃年轻时当过寻阳县衙小吏，掌管鱼市交易，有一次他派人送给母亲一罐腌鱼。湛氏把腌鱼封好，原封不动地退还给陶侃，并且写了封信责备说："你身为官吏，假公济私把鱼拿来送给我，不但不能让我高兴，反而增加我的忧虑。"

鄱阳的孝廉范逵投宿陶侃家，正逢连日冰雪，湛氏将睡觉用的草垫切碎喂马，又剪下自己的长发卖出去，就这样准备了丰盛的馔食。范逵知道后，感叹地说："没有湛氏这样的母亲，教育不出陶侃这样的儿子。"陶侃最终成了晋朝大臣。

读与思

德国著名教育家福禄倍尔说过："国民的命运，与其说是操在掌权者手里，倒不如说是握在母亲的手中。"纵观历史上那些有建树的名人伟人，大都深受其母亲思想之熏陶，从而成就了他们的精彩人生。陶侃的成功，就得益于母亲的教诲。陶母"以官物遗我……增吾忧矣"的观念和退回"官物"的做法，对培养公务人员公私分明、廉洁奉公的高尚品德具有借鉴意义。世人敬重陶母，用"封鲊"作为称颂贤母之词。

姚信：行善，匹夫之子可至王公

古人行善者，非名之务，非人之为，心自甘之，以为己度。险易不亏，始终如一。进合神契，退同人道。故神明佑之，众人尊之，而声名自显，荣禄自至，其势然也。

又有内析外同，吐实怀诈；见贤则暂自新，退居则纵所欲；闻誉则惊自饰，见尤则弃善端。凡失名位，恒多怨人而害善。怨一人则众人疾之，害一善则众人怨之。虽欲陷人而进己，不可得也，只所以自毁耳。顾真伪不可掩，褒贬不可妄，舍伪从实，遗己察人，可以通矣；

舍己就人，去否适泰，可以弘矣。

贵贱无常，唯人所速。苟善，则匹夫之子，可至王公；苟不善，则王公之子，反为凡庶。可不勉哉？

——姚信：《诫子》

家训由来

本文出自姚信所作的《诫子》。姚信（约207—267年），字元直，一字德佑，三国时吴国武康（今浙江省德清县）人。姚信曾任太常卿，研究天文易数之学，著有《昕天论》。

译文

古代的人行善，并不是为了谋求好的名声，也不是为了迎合别人，而是发自内心的意愿，认为这是自己做人的本分。因此，无论处境困厄或通达，都不会减损自己的德行，都能做到始终如一。向前，合乎神意；退后，合乎人道。所以神明保佑他，众人尊敬他，他的名声自然显扬，光荣利禄自然来到，这是情势的必然啊！

又有一些人外表迎合世俗，却内藏心机；谈吐听似忠厚，其实心怀诡诈。他们见到贤人时会暂时表现出改过自新的样子；一旦独处就会放纵自己的欲望；听到人家对他的赞美，就十分惊喜而且更加自我矫饰；一旦被人怨责了，就立即丧失行善的心。一旦失去好名声或地位，就往往怨恨而陷害好人。但是他责怪一个人，众人就厌恶他；他陷害一个善人，众人就怨恨他。这时，即使他想陷害别人而求取晋升，也不可能了，只不过败坏自己罢了。而真与假是无法掩饰的，褒扬及贬斥也是不能任意扭曲的。若能舍弃虚饰做作，遵循善道，抛却主观专断，多观察别人的长处，就可以通达，不受蒙蔽；若能够去除专断及私心，多为他人设想，远离滞碍凶邪，通往安泰吉祥，就可以恢弘广大了。

人的地位高低不是固定不变的，都取决于自己。如果行善，那么平民的儿子，也可以做到王公的高位；如果不行善，即使是王公的儿子，也会成为平民。能不勉励自己行善吗？

读与思

姚信在《诫子》中，对儿子最大的要求就是"行善"。他认为如果行善，那么平民的儿子，也可以做到王公的职位；如果不行善，即使是王公的儿子，也会成为平民。魏晋南北朝是一个充满动荡和纷争的时代，士人对家族安危担负着责任，对道德人格有着执着的固守，对生命充满焦虑，对子孙充满期待，具有强烈的忧患意识。因此，姚信在《诫子》中谆谆告诫儿子，世事无常，贵贱无常，要明白事理，以行善为立身之本。

萧纲：立身先须谨重，文章且须放荡

汝年时尚幼，所阙者学。可久可大，其惟学欤？所以孔丘言："吾尝终日不食，终夜不寝，以思，无益，不如学也。"若使墙面而立，沐猴而冠，吾所不取。立身之道，与文章异：立身先须谨重，文章且须放荡。

——萧纲：《诫当阳公大心书》

家训由来

本文出自萧纲所作的《诫当阳公大心书》。萧纲（503—551年），南朝梁简文帝，字世缵，南兰陵（今江苏省常州市）人，文学家，天资聪明，著述甚丰，被誉为"天才纵横，冠于古今"。萧纲是梁武帝第三子，昭明太子萧统同母弟。由于长兄萧统去世早，他在中大通三年（531年）被立为太子。太清三年（549年），侯景之乱，梁武帝被囚饿死，萧纲即位，大宝二年（551年）为侯景所害。

译文

你年龄还小，所缺的是学习。可以长久地大有用处的，就是学习啊！因此，孔丘说："我曾经整天不吃饭，整夜不睡觉，去冥思苦想，却没有什么收获，不如去学习啊。"一个人不学习，如同面对墙壁站立，一无所见；又如猕猴戴着帽子，虚有其表。我是不赞同面墙而立和沐猴而冠的。做人的道理与写文章的方法完全不同：做人首要的是谨慎持重，写文章却要思路开阔、曲折起伏。

读与思

《诫当阳公大心书》是萧纲写给他第二个儿子萧大心的书信。萧大心，字仁恕，曾被封为当阳县公，后封寻阳王，被侯景部将所害。萧纲认为，立身处世与著书写文章完全是两回事，二者截然不同。书信中所讲"立身先须谨重，文章且须放荡"，是关于立身、作文的至理名言。

颜之推：整齐门内，提撕子孙

夫圣贤之书，教人诚孝，慎言检迹，立身扬名，亦已备矣。魏晋已来，所著诸子，理重事复，递相模效，犹屋下架屋，床上施床耳。吾今所以复为此者，非敢轨物范世也。业以整齐门内，提撕子孙。夫同言而信，信其所亲；同命而行，行其所服。禁童子之暴谑，则师友之诚不如傅婢之指挥；止凡人之斗阋（xì），则尧舜之道，不如寡妻之诲谕。吾望此书为汝曹之所信，犹贤于傅婢寡妻耳。

——颜之推：《颜氏家训·序致第一》

家训由来

颜之推（531—约590年以后），字介，琅邪临沂（今山东省临沂市）人，孔子弟子颜回的第三十五代孙，中国古代文学家、教育家。颜之推年少时因不喜虚谈而自己研习《仪礼》《左传》，因为博览群书，写文章辞情并茂，十九岁便被任命为国左常侍。颜之推一生历经梁朝、西魏、北齐、北周和隋朝，在三次亡国、九死一生的情况下，回首岁月，感悟人生，写下了流传千古的《颜氏家训》。

译文

圣贤的书籍教导人们要忠诚孝顺，说话要谨慎，行为要检点，要建功立业，扬名后世，所有这些都已讲得很全面很详细了。魏晋以来，阐述圣贤思想的各家著作，道理重复，内容相近，一个接一个互相模仿，这好比屋下又架屋，床上又放床，多余而无用。我现在之所以要再写这部家训，并非敢于为世人树立行为规范，而只是用来整顿家风，教育子孙后代。同样的言语，因为是所亲近的人说出的就相信；同样的命令，因为是所佩服的人发出的就执行。禁止小孩胡闹嬉笑，师友的训诫，不如保姆的劝阻；阻止俗人打架争吵，尧舜的教导，不如妻子的劝解。我希望这本书能被你们信服，希望它能胜过保姆对孩童、妻子对丈夫所起的作用。

读与思

《颜氏家训》对后世有重要影响，特别是宋代以后，影响更大，曾多次重刻，历千余年而不衰。

《序致第一》相当于全书的自序，阐明了作者写这本家训的目的，即将自己一生的经验和心得系统地整理出来，传给后世子孙，以发扬颜氏的优良传统，整顿门风，教育子孙，保持家族的长盛不衰。颜之推把自己摆在"傅婢""寡妻"的地位，以唤起子女的注意，使其理解父辈的良苦用心。

颜之推：兄弟者，分形连气之人也

夫有人民而后有夫妇，有夫妇而后有父子，有父子而后有兄弟：一家之亲，此三而已矣。自兹以往，至于九族，皆本于三亲焉，故于人伦为重者也，不可不笃。

兄弟者，分形连气之人也。方其幼也，父母左提右挈，前襟后裾；食则同案，衣则传服，学则连业，游则共方，虽有悖乱之人，不能不相爱也。及其壮也，各妻其妻，各子其子。虽有笃厚之人，不能不少衰也。娣姒（dì sì）之比兄弟，则疏薄矣。今使疏薄之人，而节量亲厚之恩，犹方底而圆盖，必不合矣。惟友悌深至，不为旁人之所移者，免夫！

二亲既殁，兄弟相顾，当如形之与影，声之与响，爱先人之遗体，惜己身之分气，非兄弟何念哉？兄弟之际，异于他人，望深则易怨，地亲则易弭。譬犹居室，一穴则塞之，一隙则涂之，则无颓毁之虑；如雀鼠之不恤，风雨之不防，壁陷楹沦，无可救矣。仆妾之为雀鼠，妻子之为风雨，甚哉！

兄弟不睦，则子侄不爱；子侄不爱，则群从疏薄；群从疏薄，则僮仆为仇敌矣。如此，则行路皆踏（jí）其面而蹈其心，谁救之哉？人或交天下之士，皆有欢爱，而失敬于兄者，何其能多而不能少也；人或将数万之师，得其死力，而失恩于弟者，何其能疏而不能亲也！

娣姒者，多争之地也。使骨肉居之，亦不若各归四海，感霜露而相思，伫日月之相望也。况以行路之人，处多争之地，能无间者，鲜矣。所以然者，以其当公务而执私情，处重责而怀薄义也。若能恕己而行，换子而抚，则此患不生矣。

人之事兄，不可同于事父，何怨爱弟不及爱子乎？是反照而不明也！

——颜之推：《颜氏家训·兄弟第三》

家训由来

本文中，颜之推阐述了兄弟之间的相处之道。颜之推博学多识，一生著述甚丰，影响最大的当数《颜氏家训》。《颜氏家训》成书于隋朝时期，是颜之推记述个人经历、思想、学识以告诫子孙的著作，共七卷，二十篇。人们评论说："古今家训，以此为祖。"

译文

有了人群然后才有夫妻，有了夫妻然后才有父子，有了父子然后才有兄弟：一个家庭里的亲人，这三种关系是最基本的。由此类推，直推到九族，都是来源于这三种亲属关系，所以这三种关系在人伦中极为重要，不能不认真对待。

兄弟是形体虽分开而气质相连的人。当他们幼小的时候，父母左手牵右手携，拉前襟扯后裙，吃饭同桌，衣服递穿，学习用同一册课本，游玩去同一处地方，即使有荒谬胡来的，也不可能不相亲相爱。等到他们进入壮年时期，各有各的妻子，各有各的孩子，即使是诚实厚道的，感情上也不可能不减弱。至于妯娌之间，就更疏远而欠亲密了。如今让感情疏远淡薄的妯娌，来节制亲密深厚的兄弟感情，就好比在方形的底座上加个圆盖，必定不合适。只有相亲相爱、感情至深、不受外界影响的兄弟之间，才不会出现上述情况啊！

双亲去世之后，兄弟之间更应该相互照应，既像形和影，又像声和响，爱护先人的遗体，顾惜从父母那儿继承的身体和血气，除了兄弟之间，谁还能挂念自己呢？兄弟之间，与他人的关系是不一样的，相互之间期望过高就容易产生埋怨，而关系亲密就容易消除隔阂。譬如住的房屋，出现了一个漏洞就堵塞，出现了一条细缝就填补，那就不会有倒塌的危险；假如有了雀鼠也不忧虑，刮风下雨也不防御，那么就会墙崩柱摧，无法挽回了。仆妾好比那雀鼠，妻子好比那风雨，恐怕还更厉害些吧！

兄弟不和睦，子侄就不相爱；子侄不相爱，整个家族里的子弟就互相疏远，感情淡薄；家族的子弟疏远不亲密，那僮仆就成为仇敌了。如果发展到这一步，即使走在路上的陌生人都敢任意践踏、欺侮他们，那还有谁能够拯救他们呢？世人中有能结交天下之士并能做到关系融洽，却对兄长不尊敬的，为什么他们能与那么多人和睦相处而不能亲近对待仅有的一两个兄长呢？世人中又有能统率几万大军并得其死力，却对弟弟不恩爱的，为什么他们能对关系疏远的人广施恩惠、对关系亲近的人却刻薄寡恩呢？

妯娌之间，矛盾纠纷最多。即使是亲姐妹，成为妯娌也不如各嫁远方。这样她们就会感叹霜露降临而互相思念，等待能够相会的日子。何况是走在路上的陌生人，处在容易产生纠纷的地方，能做到不生嫌隙的实在太少了。之所以会这样，是因为在处理大家庭中的事务时大家各怀私心，肩负重大责任时却挂念着个人恩怨。假如妯娌们能宽恕对方、原谅对方的过错，能用对待自己孩子的态度对待对方的孩子，那么这类灾祸就不会发生了。

人在侍奉兄长时，不会等同于侍奉父亲，那为什么埋怨兄长爱弟不如爱儿子呢？这就是没有把这两件事对照起来看，对兄长要求高、对自己要求低啊！

读与思

《颜氏家训·兄弟第三》主要谈论家庭成员之间如何相处的问题。颜之推认为，兄弟之情是除父母、子女之外最为深厚的一种感情，而在男权为主的社会里，兄弟之间的相亲相爱对于整个家族的团结、和睦、治理、稳定是十分重要的。作者还论述了影响兄弟情谊的一些因素，如妯娌、妻妾、童仆等，并提出了防范的办法。

第四章

隋唐五代十国

经典家训

隋唐时期（581—907年），为隋朝（581—618年）和唐朝（618—907年）两个朝代的合称。隋唐是经历了魏晋南北朝民族分裂、民族融合后相继建立的两个大一统王朝，在政治、军事、文化、经济、科技上达到前所未有的水平，是中国历史上最为强盛的时期之一。

五代十国（907—979年），是五代（907—960年）与十国（902—979年）的合称，中原地区王朝更迭频繁，社会动荡不安，生产陷于停滞。南方政局相对稳定，社会生产发展较快。

这一时期的家训日渐成熟，唐太宗的《帝范》是家训中的精品，涉及范围很广，涵盖修身、立志、为政、德行、处世、勉学、尊师、卫国、理财、致用等各方面，流芳百世。很多士族大家把"忠孝"作为家训的核心内容，重视对子弟的教育，劝诫子弟养成勤奋节俭的作风、谦虚礼让的美德、知足常乐的心态，以延续家族的繁荣。

李世民：受谏则圣

古有胎教世子，朕则不暇。但近自建立太子，遇物必有诲谕。

见其临食将饭，谓曰："汝知饭乎？"对曰："不知。"曰："凡稼穑艰难，皆出人力，不夺其时，常有此饭。"

见其乘马，又谓曰："汝知马乎？"对曰："不知。"曰："能代人劳苦者也，以时消息，不尽其力，则可以常有马也。"

见其乘舟，又谓曰："汝知舟乎？"对曰："不知。"曰："舟所以比人君，水所以比黎庶；水能载舟，亦能覆舟；尔方为人主，可不畏惧？"

见其休于曲木之下，又谓曰："汝知此树乎？"对曰："不知。"曰："此木虽曲，得绳则正。为人君虽无道，受谏则圣。此傅说所言，可以自鉴。"

——吴兢：《贞观政要·教诫太子诸王》

家训由来

本文是李世民关于如何教导太子的自述。李世民（599—649年），祖籍陇西成纪（今甘肃省天水市），是唐高祖李渊的次子，唐朝的第二个皇帝，杰出的政治家、战略家、军事家、诗人，被少数民族称为"天可汗"。李世民在位二十三年，庙号太宗，世称唐太宗，葬于昭陵。

译文

古代有胎教世子的说法，我却没有时间思考此事。但自从我立了太子之后，遇到机会就对他进行教育。

看到他在饭桌前准备吃饭，就对他说："你知道饭食是从哪里来的吗？"太子回答说："不知道。"就教育他说："种植庄稼，收获粮食是很艰难的，需要付出艰辛劳动。不耽误老百姓的劳作时间，才能永远有饭吃。"

看到太子骑马，就对他说："你知道马是用来干什么的吗？"太子回答说："不知道。"就教育他说："马能代替人做事情、减轻人劳作的痛苦，要关心爱护马儿，不要让它用尽所有的力气而过度劳累。让马劳逸结合，才能永远有马可骑。"

看到太子坐船，就对他说："你知道船和水的关系吗？"太子回答说："不知道。"就教育他说："船就像君主帝王，水就像黎民百姓；水能托起船，也能把船掀翻；你是君主帝王，怎能不保持敬畏之心？"

看到太子靠在一棵树干弯曲的大树下，就对他说："你知道怎样才能把这棵弯曲的大树加工成材吗？"太子回答说："不知道。"于是就对他说："这棵大树虽然弯曲，但只要经墨线约束就可以加工成直材。同理，做国君的即使缺少德行，但只要能接受规劝，就可以成为贤明的君主。这是商代大臣傅说对商王武丁所说的一句话。你可以以此为鉴。"

读与思

《贞观政要》是唐代史学家吴兢所著的一部政论性史书，全书共十卷四十篇，详细记录了唐太宗李世民与大臣们在贞观年间的政治讨论、决策过程以及治国理念。其中《教诫太子诸王》是书中的一卷，主要讲述了唐太宗对太子和其他诸王的教育和训诫，强调了德行的重要性、为君之道及接受规劝的重要性。

唐太宗李世民教育太子可谓用心良苦，"遇物必有诲谕"，有机会就对孩子进行教育。为了将爱子栽培成合格的储君，唐太宗付出了极大的心血与精力，是教育孩子的榜样。书中的教诲内容不仅是对太子和诸王的告诫，也是对所有公职人员的警示，提醒他们要谦虚谨慎、克己奉公，更要接受规劝。太宗的这些教诲至今仍有价值，对于理解中国古代的政治思想和治国理念有着重要的参考价值。

李世民：倾己勤劳，以行德义

夫人者，国之先；国者，君之本。人主之体，如山岳焉，高峻而不动；如日月焉，贞明而普照。兆庶之所瞻仰，天下之所归往。宽大其志，足以兼包；平正其心，足以制断。非威德无以致远，非慈厚无以怀人。抚九族以仁，接大臣以礼。奉先思孝，处位思恭。倾己勤劳，以行德义。此乃君之体也。

——李世民：《帝范》

家训由来

本文出自李世民所作的《帝范》。李世民在位期间虚心纳谏，厉行节约，劝课农桑，轻徭薄赋，使百姓能够休养生息，开创了中国历史上著名的贞观之治。司马光评价说："太宗文武之才，高出前古。盖三代以还，中国之盛未之有也。"

译文

百姓是国家的根本，国家是君主的根本。做君主的，应该像山岳一样稳重而高峻；应该像太阳和月亮一样光明正大普照大地。君主是亿万民众行动的指南，是天下百姓向往的归宿。君主应该有宽广的胸怀和远大的志向，足以包容宇宙，涵容万物；应该公平静心，能够对天下大事做出正确决断。没有威望和好的德行，就不能到达远方；没有慈善和宽厚的爱心，就不能安抚百姓。对皇家宗族及其他皇亲国戚要用仁爱之心安抚，对大臣要以礼相待。敬奉祖先要做到孝，高居皇位要时时想到谦恭谨慎。君王应该克己勤劳，以彰显自己的德义。这是作为国君的基本原则。

读与思

李世民告诫太子，国家是君主的根本，百姓是国家的根本。做君主的基本原则是自我约束，勤于政事，彰显德义。

陈子昂：事父尽孝敬，事君宜忠贞

事父尽孝敬，事君端忠贞。兄弟敦和睦，朋友笃信诚。

从官重公慎，立身贵廉明。待士慕谦让，莅民尚宽平。

理讼惟正直，察狱必审情。谤议不足怨，宠辱讵须惊。

处满常惮溢，居高本虑倾。诗礼固可学，郑卫不足听。

幸能修实操，何俟钓虚声。白珪玷可灭，黄金诺不轻。

秦穆饮盗马，楚客报绝缨。言行既无择，存没自扬名。

——陈子昂：《座右铭》

家训由来

本文出自陈子昂所作的《座右铭》。陈子昂（659—700 年），字伯玉，梓州射洪（今四川省射洪市）人，唐代文学家、诗人，初唐诗文革新人物之一。因曾任右拾遗，后世称"陈拾遗"。陈子昂被权臣武三思罗织罪名，冤死狱中。陈子昂存诗共一百多首，其诗风骨峥嵘，寓意深远，苍劲有力。其中最有代表性的是《登幽州台歌》："前不见古人，后不见来者。念天地之悠悠，独怆然而涕下。"

译文

侍奉父母要尽力孝敬，侍奉国君要正直忠贞。兄弟之间要崇尚和睦，朋友之间要注重诚信。

当官要注重公正慎重，立身贵在廉明。待士要追求谦让，临民崇尚宽大平和。

处理狱讼要正直，审察案件必须根据实情。对于别人的诽谤议论不值得怨恨，对待自身的宠辱要无动于衷。

处于满盈的状态时，会经常担心流出来，站在高处本来就要忧虑跌倒掉下来。《诗书》《礼记》固然应该学习，郑卫之音却听不得。

幸而能够修养自己的操守，不必去沽名钓誉。白玉上的斑点可以磨灭，对自己的诺言要一诺千金。

要像秦穆王对待盗杀自己马匹的人那样温和，要像楚庄王对待调戏自己爱姬的人那样宽厚。言行都没有什么可以挑剔的，无论生死都可以扬名天下。

读与思

陈子昂的这则《座右铭》，用五言古风的形式写成，对自身修养提出了全方位要求，内容涵盖事父、事君、兄弟情、朋友信、从政当官、立身修行、理讼察狱等，目的是留下嘉言善行，扬名后世。座右铭是人们激励、警诫、提醒自己，作为行动指南的格言警句。

陈子昂的这则《座右铭》之所以作为家训选入本书是考虑到"教育就是塑造一个更加完美的自己"，人们希望自己达到的境界往往就是对子孙后代的要求。

韩愈：人之能为人，由腹有诗书

木之就规矩，在梓匠轮舆。人之能为人，由腹有诗书。

诗书勤乃有，不勤腹空虚。欲知学之力，贤愚同一初。

由其不能学，所入遂异闾。两家各生子，提孩巧相如。

少长聚嬉戏，不殊同队鱼。年至十二三，头角稍相疏。

二十渐乖张，清沟映污渠。三十骨骼成，乃一龙一猪。

飞黄腾踏去，不能顾蟾蜍。一为马前卒，鞭背生虫蛆。

一为公与相，潭潭府中居。问之何因尔，学与不学欤。

金璧虽重宝，费用难贮储。学问藏之身，身在则有余。

君子与小人，不系父母且。不见公与相，起身自犁锄。

不见三公后，寒饥出无驴。文章岂不贵，经训乃菑畲。

潢潦无根源，朝满夕已除。人不通今古，马牛而襟裾。

行身陷不义，况望多名誉。时秋积雨霁，新凉入郊墟。

灯火稍可亲，简编可卷舒。岂不旦夕念，为尔惜居诸。

恩义有相夺，作诗劝踌躇。

——韩愈:《符读书城南》

家训由来

本文是韩愈作的《符读书城南》。韩愈（768—824年），字退之，唐代文学家、哲学家、思想家，河南河阳（今河南孟州南）人，祖籍河北省昌黎县，世称韩昌黎。晚年任吏部侍郎，又称韩吏部。谥号"文"，又称韩文公。

韩愈反对唐宪宗迎取佛骨，提出儒家"道统"学说，是尊儒反佛的里程碑式人物，开宋明理学之先声。他与柳宗元同为唐代古文运动的倡导者，主张学习先秦两汉的散文语言，破骈为散，扩大文言文的表达功能。韩愈有"文章巨公"和"百代文宗"之名，与柳宗元并称"韩柳"，与柳宗元、欧阳修和苏轼合称"千古文章四大家"。宋代苏轼称他"文起八代之衰，而道济天下之溺；忠犯人主之怒，而勇夺三军之帅"，明人推他为"唐宋八大家"（唐代韩愈、柳宗元和宋代欧阳修、苏洵、苏轼、苏辙、王安石、曾巩）之首。作品收在《昌黎先生集》里。

木材能按照圆规曲尺制成器具，是因为木工和轮舆匠人的辛勤劳动。人能够成才，是因为饱读诗书。

诗书中的知识只有勤奋才能获得，不勤奋肚子里就空虚。人之初生，学力都是一样的，并无贤愚之分。

由于有的不能勤学，所走的门径也就不同。两家孩子刚生下来时一样聪明。年岁稍大，在一起玩耍嬉戏，就像一群鱼里的小鱼一样，分不出彼此。到十二三岁，各人的表现就稍稍不同。

到二十岁，就变得差别很大，像清沟和污渠一样。到三十岁，人已长成，区别如龙和猪一样。

龙飞黄腾达，一飞冲天，哪里还顾得上一只丑陋的癞蛤蟆呢。一个成为牵马坠镫的走卒，背上生满了蛆虫。

一个成为威严赫赫的高官，住在深深的宅院里。为什么会出现这样大的差别？关键在于是否努力学习啊。

黄金璧玉虽是重宝，却难以储藏。学问藏在自己的身上，身在则用之有余。

君子与小人的区别，不在于父母带给他们的有什么差别。难道看不见王公和宰相，许多都出身于耕田种地的家庭吗？

许多达官显贵的后代，也有忍饥挨饿、出门连个毛驴也没有的。

文章难道不是贵重的东西吗？读经书古训就是勤奋耕耘啊。

积水池里的水没有源头，早晨还满满的，晚间就干涸了。人不懂得古今之事，就像牛马穿着人的衣服。

将深陷于不义之地，还幻想得到什么名誉呢？现在正是秋天，阴雨的日子刚刚过去，郊外的天气凉爽起来。

夜晚的灯光给人温暖，正是摊开诗书攻读的好时候。怎么能不时时刻刻挂念你啊，希望你珍惜大好时光。

我对你的恩义有所不够，才写这首诗进行勉励。

读与思

韩愈一生育有六个孩子，二男四女。长子韩昶（799—855年），字有之，小名曰符。《符读书城南》一诗就是写给他的。全诗深入浅出，娓娓道来，饱含着一个父亲望子成龙的拳拳之心和殷殷之情。韩昶也没有辜负父亲的期望，早年从樊宗师学文，中进士，官至国子博士、襄阳别驾，检校礼部、户部郎中。

韩愈用五言诗的形式写成这则家训，既是对爱子的诫勉，也是自己人生经验的总结。诗中所包含的读书做官的思想虽然有些已经过时，但其中"知识可以改变人的命运""获取知识比拥有财富更重要""获

127

取知识的过程是漫长而艰苦的"等观点仍然具有指导意义。这则家训用对比的方式教育后代，给人深刻印象。

白居易：知足常乐

世欺不识字，我乎攻文笔。世欺不得官，我乎居班秩。

人老多病苦，我今幸无疾。人老多忧累，我今婚嫁毕。

心安不移转，身泰无牵率。所以十年来，形神闲且逸。

况当垂老岁，所要无多物。一裘暖过冬，一饭饱终日。

勿言舍宅小，不过寝一室。何用鞍马多，不能骑两匹。

如我优幸身，人中十有七。如我知足心，人中百无一。

傍观愚亦见，当己贤多失。不敢论他人，狂言示诸侄。

——白居易：《狂言示诸侄》

家训由来

本文是白居易作的《狂言示诸侄》。白居易（772—846年），字乐天，晚年又号香山居士，其先太原（今山西太原西南）人，后迁居下邽（今陕西渭南北）。韩愈是唐代伟大的现实主义诗人，所作诗歌题材广泛，形式多样，语言平易通俗，有"诗魔"和"诗王"之称。

韩愈官至翰林学士、左赞善大夫。其主张"文章合为时而著，歌诗合为事而作"，有《白氏长庆集》传世，代表诗作有《长恨歌》《卖炭翁》《琵琶行》等。

译文

世人多欺负不识字的人，我很荣幸是识文写字的人。世人多欺负不做官的人，我很荣幸是做官有品级的人。

人老了之后就会经常生病，我很幸运到现在都没有什么病。人老了之后就会忧思劳累，我很幸运现在儿女婚事全都操办完毕。

只要心安没有什么其他的想法，身体就会健康不用去担心。所以说十几年来，无论是身体还是心理，我一直都过得非常清闲安逸。

况且到了年纪大的时候，想要的也就没那么多了。有一件棉衣就可以度过冬天，吃一顿饭就可以整天不饿。

不要说什么房子太小，不过就是睡觉的地方。马再多又有什么用，一个人又不能骑两匹。

像我一样幸运的人，在人群中有十分之七。但像我一样知足的，却没有百分之一。

旁观的人即使很愚钝也有自己的意见，事情到了自己身上，即使是贤者也会有失误的地方。对于他人怎样我不敢评论，只是把我的这些狂言告诉给你们这些子侄。

——— 读与思 ———

《狂言示诸侄》是唐朝诗人白居易所作的一首五言古诗形式的家训，告诫子侄为人处世的道理。

这则家训包含三层意思。第一，回首往事，感到满足和欣慰。第二，作者描绘自身的景况，心里平静不为世事所转移，身体健康没有什么牵挂，表达了生活节俭、知足常乐的财富观和人生观。第三，希望自己的子孙后代能从中得到启示，并且强调，不敢以自己的观点教育他人，只能对自己的子侄讲一讲，希望晚辈们能从自己身上受到启迪。

杜牧：人之不同在学与不学

万物有丑好，各一姿状分。唯人即不尔，学与不学论。

学非探其花，要自拔其根。孝友与诚实，而不忘尔言。

根本既深实，柯叶自滋繁。念尔无忽此，期以庆吾门。

——杜牧：《留悔曹师等诗》

家训由来

　　本文是杜牧所作的《留悔曹师等诗》。杜牧（803—853年），字牧之，唐代京兆万年（今陕西省西安市）人，因晚年居长安南樊川别墅，世称"杜樊川"，又称"小杜"，以别于杜甫。文宗大和二年（828年）登进士第，登贤良方正能直言极谏科，授弘文馆校书郎。杜牧历任监察御史，黄州、池州、睦州诸州刺史，后入为司勋员外郎，官终中书舍人。其诗文俱佳，尤长于七言绝句，与李商隐并称"小李杜"。

译文

　　世上万物各有自己的姿态形状，可以通过外表、外形加以辨别。而人却不能这样区分，而是以能否学习确定人品。

　　学习不是只探求事物外表的花样，而是要刨根问底，探其究竟。孝敬父母长辈，友爱兄弟姊妹，坦诚待人，不要忘记你们的这些承诺。

　　如果根基深厚坚实了，如同大树扎下了深根，自然就枝繁叶茂。希望你们不要忽略这些，以光耀我们的家族。

杜牧有四子一女。曹师，杜牧长子杜晦辞的小名，"晦辞"有君子要"韬光养晦"之意。杜晦辞曾任唐代淮南节度判官。这是作者临终教导孩子们如何求学和如何为人的一首诗体家训。家训讲，人与人的最大区别是学与不学，做人的最高要求是孝顺、友爱、坦诚待人。

柳玭：坏名灾己，辱先丧家，其失尤大者五

夫坏名灾己，辱先丧家，其失尤大者五，宜深志之：其一，自求安逸，靡甘淡泊，苟利于己，不恤人言。其二，不知儒术，不悦古道，懵前经而不耻，论当世而解颐，身既寡知，恶人有学。其三，胜己者厌之，佞己者悦之，唯乐戏谈，莫思古道。闻人之善嫉之，闻人之恶扬之，浸渍颇僻，销刓德义，簪裾徒在，厮养何殊？其四，崇好慢游，耽嗜曲蘖，以衔杯为高致，以勤事为俗流，习之易荒，觉已难悔。其五，急于名宦，昵近权要，一资半级，虽或得之，众怒群猜，鲜有存者。兹五不虞，甚于瘭疽。瘭疽则砭石可瘳，五失则巫医莫及。前贤炯诫，方册具存；近代覆车，闻见相接。

——柳玭：《诫子弟书》

家训由来

本文出自柳玭所作的《诫子弟书》。柳玭（？—约 894 年），京兆华原（今陕西省铜川市耀州区）人，出身名门，唐代名臣柳公绰之孙，柳公权之侄孙，官至御史大夫，唐朝名臣。

译文

损名害己、辱没先人、败坏家庭的人，其最大的过失有五个方面，你们要牢牢记住：其一，自求安逸，不甘恬静寡欲，遇到对自己稍微有利的事情，就把人们的议论抛之脑后。其二，不懂得儒家学说，不喜欢古代的大道，不明白传统的可贵却不感到羞耻，议论当世不得体，白白惹人耻笑，自己无知，却厌恶和妒忌别人有学问。其三，对胜过自己的人就讨厌，对奉迎自己的人就喜欢，只乐于嬉笑言谈，而不去想一想古老的做人准则。听说人家有好事就妒忌，听说人家有丑事就张扬，谗言乘虚而入，减损并侵害了德义。这些显贵白白地活在世界上，与贱役又有什么不同呢？其四，嗜好游玩，酗酒成性，以贪杯为雅致，以勤事为俗流，学过的知识很容易就荒废了，等到明白过来又后悔莫及。其五，急于求得功名富贵，千方百计趋炎附势。即使能晋升一职半级，也会受到众人的猜忌，很少有能长久的。总之，这五个方面的过失，比痈疽更可怕。痈疽还可用药石治疗，而这五种过失则连巫师、医师也束手无策。前贤这些明白的鉴戒，书籍上都清清楚楚地记载着，近代一些失败的做法，所闻所见几乎接连不断，应该引起重视啊。

———————— 读与思 ————————

这是唐代家训中的代表作，情辞诚挚恳切，言简意赅。柳玭在这篇家训中列举了败坏名声、辱没先人、毁坏家庭等的五种表现。告诫子孙后代，历史上不肖子孙败家的事例比比皆是，门第高也没有什么值得骄傲的，更要谦虚谨慎。

卢氏：非理所得，与盗贼何别

比见亲表中仕宦者，多将钱物上其父母，父母但知喜悦，竟不问此物从何而来。必是禄俸余资，诚亦善事；如其非理所得，此与盗贼何别？纵无大咎，独不内愧于心？

——刘昫：《旧唐书·崔玄暐传》

家训由来

本文讲述卢氏对于儿子宦者行为的看法和教诲。卢氏，唐朝宰相崔玄暐的母亲。崔玄暐（639—706年），名晔，博陵安平（今河北省安平县）人，武则天时期曾任宰相。705年，联合张柬之等发动"神龙革命"，拥戴唐中宗复辟，后被武三思流放，病逝于流放途中。

译文

常见那些做官的亲戚，将大量钱财送给他们的父母。父母只知道高兴，却不问这些钱财从何而来。如果是从俸禄中节省下来的，当然是好事；如果是通过不正当的途径得来的，那与盗贼有什么区别呢？即使没有大的过错，内心难道不感到惭愧吗？

读与思

卢氏是一位深明大义、教子有方的母亲。作为官员的母亲，卢氏收到儿子送来的东西，首先问明白财物来源是否正当。如果身居官位的儿子因贪腐而获罪，不仅会祸及自身，而且会累及父母，这样的话，即便有"三牲之养"，也属大不孝。当今社会，全家贪腐者，听到卢氏的教诲，应该有所悔悟。

孟昶：尔俸尔禄，民膏民脂

朕念赤子，旰食宵衣，言之令长，抚养惠绥。

政存三异，道在七丝，驱鸡为理，留犊为规。

宽猛得所，风俗可移，无令侵削，无使疮痍。

下民易虐，上天难欺，赋舆是切，军国是资。

朕之赏罚，固不逾时，尔俸尔禄，民膏民脂。

为民父母，莫不仁慈，勉尔为戒，体朕深思。

——孟昶：《颁令箴》

家训由来

本文是孟昶所作的《颁令箴》。孟昶（919—965年），五代十国时期后蜀末代皇帝。孟昶在位三十二年期间，中原地区战乱不断，后蜀境内却相对平安，经济社会平稳发展，但其本人却颇为奢侈淫靡。964年，宋太祖赵匡胤派兵伐蜀。次年，孟昶降宋，很快去世。孟昶颇有文采，曾撰写了我国历史上第一副春联"新年纳余庆，嘉节号长春"。《颁令箴》（又名《诫谕辞》）诫谕地方官要爱护百姓，尽心国事，不要做贪官污吏。此箴句句敦厚诚恳，实为诛心之语。

译文

寡人十分关心天下百姓，为了他们很晚才吃饭，天不明就起床。所以才给你们讲这番话，希望你们爱护黎民百姓。

治理地方要做到蝗虫不入境、鸟兽懂礼仪、儿童有仁心这三种异事出现。而达到圣人之治，关键还在于地方官们如弹琴一样，把政务调理得好。要像驱赶鸡群那样恰到好处，为政清廉的法规绝不能荒废。

政治上宽猛适当，才能移风易俗扶植正气。不能让百姓利益受到侵害，不能让百姓生活艰难。

当官的虐待百姓很容易，可是上天却难被你们欺瞒。田赋收入是国家切身要事，军队和政府都是靠百姓养活。

寡人对你们的赏罚，绝不会拖延时间。你们做官所得的薪俸，都是百姓的血汗脂膏。

凡当百姓父母官的，没有不懂得对百姓要仁慈的。希望你们以此为戒，很好地体会寡人的意思。

读与思

孟昶的《颁令箴》并没有因为后蜀的灭亡而失传，到北宋时期，宋太宗摘取了《颁令箴》中的四句话，并重新加以组合，便成了"尔俸尔禄，民膏民脂。下民易虐，上天难欺"的十六字官诫。北宋太平兴国八年（983年），十六字官诫颁示天下，立于各级衙府门前，称为《戒石铭》，为各级官吏当官理政之首诫，提醒其秉公办事，若徇私枉法，天理不容。南宋时，宋高宗赵构又以书法家黄庭坚所书的这十六字颁于各府州县，并刻石立于大堂前。明太祖朱元璋进一步明令立于甬道中，并建亭保护，故有"戒石亭"之称。清朝雍正年间，因出入不便，把"戒石亭"改为牌坊，称为"戒石坊"，进出衙门都能看到，以铭记不忘。

从孟昶的《颁令箴》到宋太宗的《戒石铭》，直到清王朝灭亡，这十六字官箴在中国的官衙矗立了近千年，是中华民族廉洁精神的象征，是中国廉政文化的形象代表，是中国廉政教育的有效形式。

第五章

宋元

经典家训

宋元时期（960—1368年），民族融合进一步加强，封建经济继续发展。960年后周大将赵匡胤发动"陈桥兵变"，黄袍加身，建立宋朝，定都东京（今河南省开封市），结束了五代十国的分裂局面。1127年金军南下，北宋灭亡，南宋开始。1271年，忽必烈建立元朝，定都北京。这一时期，汉族、契丹、西夏、金朝、蒙古等政权在相互征战中加快了民族融合，推动了经济、科技、文化向前发展，元朝实行行省制度，有效地管辖了全国。

　　宋元时期，家训数量增多，质量提高，家训走向繁荣，对后世影响很大。编撰家训成为一种自觉的文化活动。司马光的《家范》，标志着我国古代家庭教育科学理论研究开始从描述性向规律性探索。《吕氏乡约》内容丰富，由家庭、家族扩展到邻里乡党，对提高乡村道德水准发挥了重要作用。

赵匡胤：望胞弟不忘布衣时事

乾德、开宝间，天下将大定，惟河东未遵王化，而疆土实广，国用丰美，上愈节俭，宫人不及二百，犹以为多。又宫殿内惟挂青布缘帘、绯绢帐、紫绸褥，御衣止赭袍以绫罗为之，其余皆用绝绢。晋王已下因侍宴禁中，从容言服用太草草，上正色曰："尔不记居甲马营中时耶？"上虽贵为万乘，其不忘布衣时事皆如此。

——邵伯温：《邵氏闻见录》

家训由来

本文讲述赵匡胤节俭的品质。赵匡胤（927—976年），字元朗，祖籍涿郡（今河北省涿州市），原为后周殿前都点检、检校太尉。公元960年，赵匡胤发动"陈桥兵变"，登基称帝，改元建隆，国号"宋"，史称"北宋"。赵匡胤成为宋朝开国皇帝，庙号太祖。

译文

乾德、开宝年间，天下即将安定统一，只有河东还没有尊奉朝廷，然而大宋的疆土已经很辽阔了，国家的财富逐渐丰盈，而皇上却更加节俭，宫人不到二百名，还认为太多了。另外，宫殿内只允许用价格低廉的青布帘子、绯绢帐子、紫绸褥子，皇上穿的衣服只有黄袍才用绫罗制作，其余的衣服都用绢。晋王赵光义等人借在宫中侍候宴会的机会，从容地说起服用药物太草草。皇上立刻板起脸来郑重地说道："你难道不记得居住在甲马营的艰难时刻了吗？"皇上虽然贵为万乘之尊，但是一直不忘记布衣百姓时候的事情。

读与思

宋太祖赵匡胤一生最大的贡献和成就在于结束了自唐末五代以来近七十年的藩镇割据混战局面，重新恢复了华夏地区的统一。饱经战乱之苦的民众终于有了一个和平安宁的生产生活环境，为社会的进步、经济的发展、文化的繁荣创造了良好的条件。

作为唐末五代十国混战局面的终结者和大宋王朝的开拓者，赵匡胤是中国历史上一个承前启后的重要人物。他心地清正，疾恶如仇，宽仁大度，虚怀若谷，好学不倦，勤政爱民，严于律己，不近声色，崇尚节俭，以身作则等，不仅对改变五代以来的奢靡风气具有极大的示范效应，而且深为后世史学家所津津乐道。

宋太祖赵匡胤的一句话家训"你难道不记得居住在甲马营的艰难时刻了吗"胜过千言万语，告诫弟弟不忘本来，珍惜当下，保持俭朴本色。

赵光义：逆吾者是吾师，顺吾者是吾贼

朕即位以来，十三年矣。朕持俭素，外绝畋游之乐，内却声色之娱，真实之言，故无虚饰。汝等生于富贵，长自深宫，民庶艰难，人之善恶，必恐未晓，略说其本，岂尽余怀。夫帝子亲王，先须克己励精，听言纳诲。每著一衣，则悯蚕妇；每餐一食，则念耕夫。至于听断之间，勿先恣其喜怒。朕亲临庶政，岂敢惮于焦劳？礼接群臣，无非求于启沃。汝等勿鄙人短，勿恃己长，乃可求永久富贵，以保终吉。先贤有言曰："逆吾者是吾师，顺吾者是吾贼。"不可不察也。

——江少虞：《宋朝事实类苑》

┌─────────┐
│ 家训由来 │
└─────────┘

本文是赵光义对皇属的谆谆教导。赵光义（939—997年），字

廷宜，宋朝第二位皇帝，976—997年在位，庙号太宗。本名赵匡义，后因避其兄宋太祖赵匡胤名讳而改名赵光义，即位后又改名赵炅。

赵光义即位后迫使吴越王钱俶和割据漳、泉二州的陈洪进纳土归附。次年亲征太原，灭北汉，结束了五代十国的分裂割据局面。两次攻辽，企图收复燕云十六州，遭到失败，从此对辽采取守势。在位期间，赵光义进一步加强中央集权，继续推行宋太祖赵匡胤制定的重文轻武、内重外轻政策。

译文

我在位十三年了，一贯坚持节俭朴素，外出时从未享受过游览名胜的乐趣，在宫中也不敢沉溺于歌舞声色，这是真实的心情，一点没有虚伪掩饰。你们这些人生于富贵之家，长在深宫大院之内，老百姓生活的艰难、人性的善恶，一定是不了解的，我简略地说一说最重要的道理，不能完全表达自己的感想和心情。作为皇亲贵戚，必须严格要求自己，虚心听取别人的意见。每穿一件衣服，就要想到养蚕妇人的辛苦；每吃一顿饭，就要想到种田农夫的艰难。在听取别人的言语时，不要先表现出高兴还是愤怒。我经常亲自处理各种繁杂的政务，怎么敢因过于辛劳而推辞呢？谦逊地接见大臣，无非是希望大臣们能忠心耿耿地开导辅佐皇帝。你们不要讥笑别人的短处，也不要因为自己比别人强就妄自尊大，只有这样才能永久享有富贵，确保一生吉祥顺利。先贤曾经说过："敢于触犯我的人是我的老师，一味顺从我的人是我的仇敌。"不能不保持警觉。

读与思

宋太宗赵光义为了保持王朝的长治久安，教育"长自深宫"、不谙世事的子弟，希望"永久富贵，以保终吉"，对皇属提出了四项基本要求：克己，珍惜民力，戒骄奢，慎听断。总之，每一位皇族成员，都要明白这样一个道理："逆吾者是吾师，顺吾者是吾贼。"

当下为官者，切忌听信谗言，被表面现象所蒙蔽，要亲为其政，要礼遇贤才，要切中问题之要害，不要屏蔽尖锐的声音，否则就会事与愿违。

范质：六戒

戒尔学立身，莫若先孝悌。怡怡奉亲长，不敢生骄易。战战复兢兢，造次必于是。

戒尔学干禄，莫若勤道艺。常闻诸格言，学而优则仕。不患人不知，惟患学不至。

戒尔远耻辱，恭则近乎礼。自卑而尊人，先彼而后己。相鼠与茅鸱，宜鉴诗人刺。

戒尔勿旷放，旷放非端士。周孔垂名教，齐梁尚清议。南朝称八达，千载秽青史。

戒尔勿嗜酒，狂药非佳味，能移谨厚性，化为凶险类。古今倾败者，历历皆可记。

戒尔勿多言，多言众所忌。苟不慎枢机，灾危从此始。是非毁誉间，适足为身累。

——范质：《戒从子诗》

家训由来

本文出自范质所作的《戒从子诗》。范质（911—964年），字文素，大名宗城（今河北省邢台市威县）人，先后历后梁、后唐、后晋、后汉、后周、北宋六朝。宋太祖赵匡胤"陈桥兵变"后，任宰相。范质一生勤政爱民，体察民情；带头严格遵守朝廷律令，廉洁自律；性格直爽，好当面批评；所得俸禄、赏赐多送给孤遗，平时食无异味，临终家无余资。宋太祖赞叹说："朕闻范质只有宅第，不置田产，真宰相也。"宋太宗也称赞说："宰辅中能循规矩、慎名器、持廉节，无出质右者。"

译文

告诫你要学会立身行事，首先要从孝悌开始。高兴地侍奉父母、亲爱兄弟，不能轻慢放肆。必须小心谨慎，怀着"战战兢兢，如临深渊，如履薄冰"的心态，在颠沛流离之中也不能降低要求。

告诫你求得官位获得俸禄，首先要勤奋钻研治国理政的学问与技能。曾有这么一句格言："学而优则仕。"不怕不被人知，只怕学问不到家。

告诫你要远离耻辱之事，对人恭敬才合乎礼仪。自己要谦逊，对他人要尊重，先考虑他人，后考虑自己。领取重禄而没有礼度，还不如相鼠和茅鸱呢，所以古人作诗讽刺这样的人。

告诫你不要放纵自己，放纵之人不是端庄正直之士。周公和孔子以名分为中心的礼教代代相传，南朝齐梁士大夫却彼此以清议相尚，是违背礼教的。所谓"八达"之士并非通达，实际上是不拘礼俗、行为放纵之人，让青史蒙受污浊。

告诫你不要嗜酒贪杯，酒是狂药并非佳饮，饮多了能改变人的敦厚本性，使人遭遇凶险。古往今来那些因酒身败名裂的事例仍历历在目。

告诫你不要随便乱说话，乱说话最为众人所忌。若不在意自己的言行，灾难就会随之而来。在是非毁誉之间，将会使人终身受累。

读与思

范质的侄子范杲官居六品，写信给范质求其保举升迁职务。范质对侄子不明事理、不知艰辛之举深感悲伤，作《戒从子诗》一首，谆谆教诲，表达了一个朝廷重臣为国分忧、披肝沥胆的崇高品格。范质的诗中讲了许多警句，入木三分、发人深省，时人争相传诵，以为劝诫。

吕本中：当官之法，清、慎、勤

当官之法，唯有三事：曰清、曰慎、曰勤。知此三者，可以保禄位，可以远耻辱，可以得上之知，可以得下之援。然世之仕者，临财当事不能自克，常自以为不必败，持不必败之意，则无所不为矣。然事常至于败而不能自已，故设心处事，戒之在初，不可不察。借使役，用权智，百端补治，幸而得免，所损已多，不若初不为之为愈也。司马子微《坐忘论》云："与其巧持于末，孰若拙戒于初。"此天下之要言，当官处事之大法，用力简而见功多，无如此言者。人能思之，岂复有悔吝耶？

——吕本中：《官箴》

家训由来

　　本文出自吕本中所作的《官箴》。吕本中（1084—1145年），字居仁，号紫微，世称东莱先生，宋代寿州（治今安徽凤台）人，祖籍莱州。其祖上世代为官，是著名诗人、词人、道学家。

译文

　　当官的法则，只有三条，即清廉、谨慎、勤勉。遵守这三条法则，就可以保住官位，可以远离耻辱，可以得到上司的赏识，可以得到下属的拥戴。可是现在世上做官的人，看到钱财、面对诱惑不能克制自己，常常自以为做了错事也不一定会败露，有了不一定会败露的思想，就随心所欲，无所不为了。然而，事情却常常会败露，发展到自己无法控制的地步，因此在处理事情之前先想想这三条原则，开始就要告诫自己，不能不详察。一旦坏事败露，就派遣差役，使用权谋，想方设法进行补救，即使侥幸得以免除灾祸，失去的已经很多了，还不如当初不做违反原则的事情呢。司马子微在《坐忘论》中说："与其在事情出现后设法掩饰，还不如做事情之前就告诫自己不犯错误。"这是天下最精辟的言论、做官处理事情最重要的办法。教育人用力少可是成效显著，没有超过这句话的。人们真能记住这三条原则，哪里还会有后悔的事情呢？

—————— 读与思 ——————

吕本中认为，为官的准则是"清""慎""勤"三字。"清"即清正廉洁，标志着公正、公道，不贪污受贿，不徇私舞弊，一身正气，两袖清风。"慎"即审慎三思，做任何决定之前，必须慎重考虑，三思而后行。"勤"即勤于政事、忠于职守，在其位谋其政，勤勤恳恳、尽职尽责。

"清""慎""勤"三字官箴最早出自《三国志·魏书·李通传》："为官长当清，当慎，当勤，修此三者，何患不治乎？"此论历来被后世推崇。康熙皇帝曾将此三字先后赏赐给随侍近臣和各省督抚，作为对臣子的评价和要求。诗坛领袖、刑部尚书王渔洋蒙赐康熙手书"清""慎""勤"，将之理解为做官的最低要求，见解高人一筹。《四库全书》誉其三字为"其言千古不可易"，梁启超称之为"近世官箴最脍炙人口者"。

范仲淹：各人好事，以光祖宗

吾贫时，与汝母养吾亲，汝母躬执爨而吾亲甘旨，未尝充也。今得厚禄，欲以养亲，亲不在矣。汝母已早世，吾所最恨者，忍令若曹享富贵之乐也。

......

京师交游，慎于高议，不同当言责之地。且温习文字，清心洁行，以自树立。平生之称，当见大节，不必窃论曲直，取小名招大悔矣。

京师少往还，凡见利处，便须思患。老夫屡经风波，惟能忍穷，故得免祸。

大参到任，必受知也。惟勤学奉公，勿忧前路。慎勿作书求人荐拔，但自充实为妙。将就大对，诚吾道之风采，宜谦下兢畏，以副士望。

......

汝守官处小心不得欺事，与同官和睦多礼，有事只与同官议，莫与公人商量，莫纵乡亲来部下兴贩，自家且一向清心做官，莫营私利。汝看老叔自来如何，还曾营私否？自家好，家门各为好事，以光祖宗。

——范仲淹：《告诸子及弟侄》

家训由来

本文出自范仲淹所作的《告诸子及弟侄》。范仲淹（989—1052年），字希文，苏州吴县（今江苏省苏州市）人，北宋著名的政治家、文学家。范仲淹为官清廉，关心民众疾苦。任陕西经略副使时，改革军制，抵御西夏，镇守边防，被誉为"胸中有数万甲兵"。后官至枢密副使、参知政事，力倡新政，颇有作为。后累赠太师、中书令兼尚书令、魏国公，谥号"文正"，世称范文正公。

至清代以后，相继从祀于孔庙及历代帝王庙。范仲淹在布衣时为名士，在州县为能吏，在边疆为名将，在朝廷为良相，被同时代的人称为"本朝人物第一"，朱熹更是尊其为"天地间第一流人物"。范仲淹倡导的"先天下之忧而忧，后天下之乐而乐"思想和仁人志士节操，对后世影响深远。

译文

我穷的时候，和你母亲赡养我母亲，你母亲亲自烧火做饭，而我亲自预先代尝咸淡，从来没有富裕过。现在有了丰厚的俸禄，想用它赡养母亲，母亲已经不在了。你母亲也已经早早去世了。我最遗憾的是，不得让你们享受富贵之乐。

……

在京师与人交游，不要高谈阔论别人的是非短长，因为你不是谏诤之官，不在负责进言的位置。姑且去温习文字，清洁自己的心灵和行为，以求自立自强。一辈子的评价，应当从大节中显示出来，不必私下谈论是非曲直，以免因求取小名而招致大辱。

少来往于京师，凡是有利可图的地方，就应想到可能存在忧患。我多次经历风波，就是善于在困穷时忍耐，因此得以免除祸患。

大参就任官职，必然经过了考察，得到信任。要一心勤学奉公，不要担忧前途。千万不要写信求人推荐提拔，只有充实自己才是最好的。将要参加殿试，诚恳地展现我们的思想和文才。应该谦虚诚恳，心存敬畏，这样才符合士人的名望。

……

你们做官不可办欺骗之事，要谦恭有礼，与同事和睦相处，有事要与同事商量，不要同衙门中的公人商量，不要纵容乡亲到任职地兴贩取利。自己一定要做清廉之官，切不可营取私利。你看老叔我一向如何，曾经谋求过私利吗？总之，我们自家要做好事，家族中的每个人都要做好事，以此来光宗耀祖。

读与思

这是范仲淹告诫儿子、弟弟、侄子的家书。范仲淹有四个儿子，纯祐、纯仁、纯礼、纯粹，都是名重一时的人物。家书往往是秉承夫子自道，这封书信也是这样。家书文字不多，但内容丰富，包括亲近宗族、谨言慎行、忍穷免祸、勤学精业、养生处世、为官清廉等，兄长对弟弟、长辈对晚辈的关怀与指点，尽在言表，言之谆谆，且严且慈，不同于其他文章的高远凛然气象。

范纯仁：忠恕二字，一生用不尽

吾平生所学，得之忠恕二字，一生用不尽。以至立朝事君，接待僚友，亲睦宗族，未尝须臾离此也。

……

人虽至愚，责人则明；虽有聪明，恕己则昏。苟能以责人之心责己，恕己之心恕人，不患不至圣贤地位也。

……

惟俭可以助廉，惟恕可以成德。

——范纯仁：《范忠宣集》

家训由来

本文出自范纯仁所作的《范忠宣集》。范纯仁（1027—1101年），字尧夫，苏州吴县（今江苏省苏州市）人，北宋大臣，谥"忠宣"，范仲淹次子，著有《范忠宣集》。在父亲的言传身教下，范纯仁为人正派，性格平易宽厚，从不以疾言厉色对待别人，但坚持道义时挺拔特立，决不屈从。

　　范纯仁从布衣到宰相，廉洁勤俭始终如一，他治家甚严，处处以俭朴和忠恕熏陶子弟。在家训中，范纯仁教育后代要严以律己、宽以待人，以责人之心责己，以恕己之心恕人，向着成圣成贤的人生目标不断前进。

译文

　　我平生的学问，得益于"忠恕"二字，一生受用不尽。以至在朝廷做官事君，在家里接待同僚好友，平时亲善和睦宗族，都未曾片刻离开过它。

　　……

　　有些人看起来虽然愚笨，但责备别人时却很明白；有些人看起来虽然聪明，但宽恕自己时却显得十分糊涂。如果能以责备别人的心去责备自己，用宽恕自己的心去宽恕别人，就不用担心达不到圣贤的境界了。

　　……

　　节俭可以培养廉洁的操守，宽恕可以养成容人的美德。

读与思

　　在这则家训中，范纯仁强调了中国古代政治家常用的三个概念：

"忠""恕""俭"。夫子之道，一以贯之，忠恕而已。

"尽己之谓忠，推己之谓恕"。天下至德莫大于忠。要达到忠的境界，一方面，要尽心尽力做好自己该做的事情，为家庭和社会作出自己的贡献；另一方面，要换位思考，推己及人，对他人、对家庭、对社会多一分理解，多一点包容，构建和谐人际关系。

恕可以成德。恕作为儒家的一种伦理范畴，要求以仁爱之心待人。对官员来说，只有经常设身处地为百姓着想，才能得到百姓拥护，进而治理好国家。

俭也是成人立德的重要组成部分，淡泊明志，宁静致远，俭以修身，俭以助廉。古代社会生产力不发达，粮食产量低，几年的丰收才有一年的积蓄，所以要特别节俭。对于官员而言，贪污受贿，不廉洁，往往是因为贪得无厌、迷恋奢侈生活，而俭朴的德行有助于抑制这种欲望，所以，节俭是润身、持家、富国、防腐倡廉的重要途径。

王旦：当务俭素，保守门风

我家盛名清德，当务俭素，保守门风，不得事于泰侈，勿为厚葬，以金宝置柩中。

——脱脱：《宋史·王旦传》

家训由来

本文中，王旦告诫子弟们要致力俭朴，保守家族的门风。王旦（957—1017年），字子明，大名府莘县（今山东省聊城市莘县）人，北宋名相，昭勋阁二十四功臣之一，谥号"文正"，后世称为"王文正公"，配享真宗庙庭，宋仁宗题其碑首为"全德元老"。

译文

我们家族历来以清誉美德传家，你们要勤俭节约，保持这种门风。我死以后，不要奢侈，不要举办隆重的葬礼，不要厚葬，不要把金银宝物放在棺材中。

读与思

这是王旦在弥留之际写给儿子的家训，情意殷切，正气浩然，不愧"文正"谥号。这段家训虽然简短，但对官宦人家来说，真正要落到实处，实属不易。

欧阳修：藏精于晦，养神于静

藏精于晦则明，养神以静则安。晦，所以蓄用；静，所以应动。善蓄者不竭，善应者无穷。此君子修身治人之术，然性近者得之易也。

——欧阳修：《晦明说》

勉诸子：玉不琢，不成器；人不学，不知道。然玉之为物，有不变之常德，虽不琢以为器，而犹不害为玉也。人之性，因物则迁，不学，则舍君子而为小人，可不念哉？

——欧阳修：《诲学说》

家训由来

本文是欧阳修对子女关于修身养性、治家治国的深刻教诲。欧阳修（1007—1072年），字永叔，号醉翁，晚号六一居士（欧阳修称，家藏书一万卷、集录三代以来金石遗文一千卷、琴一张、棋一局、酒一壶和本人一老翁），谥号"文忠"，故世称欧阳文忠公，江西吉州庐陵永丰（今江西省吉安市永丰县）人，因吉州原属庐陵郡，便以"庐陵欧阳修"自居。北宋政治家、文学家。欧阳修提倡"文以载道"，是在宋代文学史上开创一代文风的文坛领袖，与韩愈、柳宗元、苏轼、苏洵、苏辙、王安石、曾巩合称"唐宋八大家"，并与韩愈、柳宗元、苏轼被后人合称"千古文章四大家"。他曾与宋祁合修《新唐书》，独撰《新五代史》，另有《欧阳文忠公文集》传世。

译文

隐藏自己的才华不显露，这是聪明的做法，在静默中涵养自己的精神就会平安无事。韬晦的目的是以备来日之用，平日静默才能应时而动。善于储备者来日才能用之不竭，平日善于静默者应时而动才能用之无穷。这就是君子修炼自身和治理天下的要诀，秉性与此相近者容易掌握这种本领。

孩子们啊，玉不经过琢磨不能成为器物，人不通过学习无法知晓道理。然而玉这种东西，有它永恒不变的特性，即使不经过琢磨不能成为器物，但本身也还是玉，它的特性不会受到损伤。人的本性受到外界事物的影响就会发生变化。因此，一个人如果不学习，就会失去君子的高尚品德而变成品行恶劣的小人，这难道不值得深思吗？

读与思

欧阳修的这两篇家训主要包含两方面内容：一是根据自身经历和

人生体悟，要求子侄不要露才扬己，要做到"藏精于晦"和"养神以静"；二是用"玉不琢，不成器"的比喻强调学习的重要性，通俗易懂，易于接受。

包拯：不从吾志，非吾子孙

包孝肃公家训云："后世子孙仕宦，有犯赃滥者，不得放归本家；亡殁之后，不得葬于大茔之中。不从吾志，非吾子孙。"共三十七字，其下押字又云："仰珙刊石，竖于堂屋东壁，以诏后世。"又十四字。珙者，孝肃之子也。

——吴曾：《能改斋漫录》

家训由来

本文是包拯对后代子孙的训言。包拯（999—1062年），字希仁，庐州合肥（今安徽省合肥市）人，北宋名臣，谥号"孝肃"。包拯廉洁公正、刚毅果敢，不附权贵，铁面无私，且英明决断，敢于替百姓主持正义，故有"包公"之名。包拯曾任端州（今肇庆）知府。端州盛产名贵的端砚，但包拯"端州三年任，不持一砚归"，留下一段佳话。权知开封府期间，京城流传"关节不到，有阎罗包老"之语，敬畏包拯的清正廉洁。包拯曾任天章阁待制、龙图阁直学士，故世称"包待制""包龙图"。

后世将他奉为神明，认为他是文曲星转世。由于民间传说包拯相貌特征为黑面，故亲切地称之为"包老黑"。他是中国历史上清官的杰出代表，被称为"包青天"。

译文

包拯在家训中写道："后代子孙做官的人中，如有犯贪赃枉法罪、滥用职权罪被撤职的，不允许他们返回老家居住；死了以后，也不允许葬在祖坟林地里。不顺从我的意愿，就不是我的子孙。"原文共有三十七个字。在家训后面签字时，包拯又写道："希望包珙把上面一段文字刻在石碑上，把石碑竖立在堂屋东面的墙壁旁，用来告诫后代子孙。"共十四个字。包珙，就是包拯的儿子。

读与思

包拯制定家训，让儿子包珙将其刻在石碑上，竖立在堂屋东面的墙壁旁，时时告诫后代子孙。与其他许多洋洋洒洒的家训家规不同的是，包拯的家训简洁得只有三十七个字，但这短短三十七字，却掷地有声，振聋发聩，凝聚着包公的一身正气、两袖清风，虽千载之后，亦足为世人风范。

廉洁是包拯为官的本色，也是其传家的法宝。包拯的后代子孙，谨遵其训，官不分大小，皆尽职尽责，清廉自守，果无"犯赃滥者"。包公地下有知，可以含笑九泉矣！

司马光：治家六顺

卫石碏（què）曰："君义、臣行、父慈、子孝、兄爱、弟敬，所谓六顺也。"

齐晏婴曰："君令臣共、父慈子孝、兄爱弟敬、夫和妻柔、姑慈妇听，礼也。"君令而不违，臣共而不二，父慈而教，子孝而箴，兄爱而友，弟敬而顺，夫和而义，妻柔而正，姑慈而从，妇听而婉，礼之善物也。

……

齐宣王时，有人斗死于道，吏讯之。有兄弟二人，立其傍，吏问之。兄曰："我杀之。"弟曰："非兄也，乃我杀之。"期年，吏不能决，言之于相；相不能决，言之于王，王曰："今皆赦之，是纵有罪也；皆杀之，是诛无辜也。寡人度其母能知善恶。试问其母，听其所欲杀活。"相受命，召其母问曰："母之子杀人，兄弟欲相代死，吏不能决，言之于王，王有仁惠，故问母何所欲杀活。"其母泣而对曰：
"杀其少者。"相受其言，因而问之曰："夫少子者人之所爱，今欲杀
之，何也？"其母曰："少者，妾之子也；长者，前妻之子也。其父疾
且死之时属于妾曰：'善养视之。'妾曰：'诺！'今既受人之托，许
人以诺，岂可忘人之托而不信其诺耶？！且杀兄活弟，是以私爱废公义
也。背言忘信，是欺死者也；失言忘约，己诺不信，何以居于世哉？！
予虽痛子，独谓行何！"泣下沾襟。相入，言之于王。王美其义，高
其行，皆赦。不杀其子，而尊其母，号曰："义母"。

——司马光：《温公家范》

家训由来

　　本文出自司马光所作的《温公家范》。司马光（1019—1086
年），字君实，号迂叟，陕州夏县涑水乡（今山西省运城市夏县）人，
世称涑水先生。北宋政治家、史学家、文学家，主持编纂了中国历
史上第一部编年体通史《资治通鉴》。去世后追赠温国公，谥号"文
正"。司马光为人温良谦恭、刚正不阿；做事用功，刻苦勤奋。其以
"日力不足，继之以夜"自警，堪称儒学教化下的典范。

译文

春秋时期，卫国大夫石碏说："君主行事公正适宜，臣子服从命令，父亲慈爱儿子，儿子孝顺父亲，哥哥爱护弟弟，弟弟敬重哥哥，这是人们常说的六种顺礼的事。"

春秋时期，齐国名相晏婴说："君王发出正确的命令，臣子恭敬地遵守；父亲慈爱，儿子孝顺；哥哥仁爱，弟弟恭敬；丈夫和气，妻子温柔；婆婆慈祥，儿媳妇顺从。这些都是礼治要求达到的效果。"君王德行厚美又不违背礼法，臣下就会谦逊恭敬而且忠心不二；父亲慈爱并且好好教育子女，子女就会孝顺并且能够告诫规劝父母的过错；兄长对弟弟爱护友善，弟弟就会对兄长恭敬顺从；丈夫对妻子谦和有情义，妻子就会温顺不偏倚；婆母对媳妇慈爱态度不急迫，媳妇就会听从态度温婉，这些都是礼法中最好的现象。

……

齐宣王的时候，有人打架斗殴，死在路上，官吏前来调查这件事。有兄弟二人站在旁边，官吏询问他们。哥哥说："人是我杀死的。"弟弟说："不是哥哥，是我杀的。"整整一年，官吏不能决断，就把这件事报告相国，相国也无法决断，就禀报了齐宣王。宣王说："如果放过他们，就是放纵犯罪的人；如果都杀掉，就会妄杀无辜之人。我估计他们的母亲能知道谁好谁坏。问问他们的母亲，听听她对谁死谁活的意见。"相国受命，召见他们的母亲，说："你的儿子杀了人，兄弟两人都想相互代替赴死，官吏不能决断，告知宣王，宣王很仁义，特意让我来问问你想杀谁活谁。"母亲哭着说："杀掉年纪小的。"相国听后，反问说："小儿子是父母最疼爱的，而你却想杀掉他，这是为什么呢？"母亲回答说："年少的是我亲生的儿子，年长的是丈夫前妻的儿子，丈夫得病临死之时将他托付给我说：'好好地抚养他。'我答应说：'是。'既然受人之托，答应了人，又怎能忘人之托而失信于自己的诺言呢？再说杀兄活弟，是以个人私爱败坏公义道德；背言失信，是欺骗死去的丈夫。如果失言忘约，不守信用，又怎能在社会上立身处世呢？我虽然疼爱自己的儿子，却怎么能不顾道义德行呢？"说罢痛哭流涕。相国入朝后把情形禀报给了齐宣王。齐宣王赞叹这位母亲德行高尚，于是赦免了她的两个儿子。不但不杀她的儿子，还尊崇这位母亲，称这位母亲为"义母"。

读与思

《温公家范》简称《家范》，是一部比较完整地反映我国封建社会家庭道德关系的伦理学著作。书中宣扬了儒家的修身、齐家、治国思想，有教化作用。该书以丰富的史实为论据，阐述了司马光的儒家伦理道德观点。

《家范》共十卷，内容丰富，语言精练，层次清晰。该书重视家庭教育，论述了家庭教育的原则和方法，针对不同家庭成员在家庭中的地位，提出了不同的要求。司马光曾讲道："积金以遗子孙，子孙未必能守。积书以遗子孙，子孙未必能读。不如积阴德于冥冥之中，以为子孙长久之计。"可谓至理名言。

苏洵：善处乎祸福之间

轮辐盖轸，皆有职乎车，而轼独若无所为者。虽然，去轼，则吾未见其为完车也。轼乎，吾惧汝之不外饰也。天下之车，莫不由辙，而言车之功者，辙不与焉。虽然，车仆马毙，而患亦不及辙。是辙者，善处乎祸福之间也。辙乎，吾知免矣。

——苏洵：《嘉祐集·名二子说》

家训由来

本文出自苏洵所作的《名二子说》。苏洵（1009—1066年），字明允，眉州眉山（今四川省眉山市）人，北宋文学家。苏洵是大器晚成的典范，早年的苏洵，四处游历，二十七岁时幡然醒悟，开始发愤读书，同时广泛结交有学问的师友，增加见闻和人生经验。十多年后，终于名扬京师，成为一代大家。《三字经》中说，"苏老泉，二十七，始发愤，读书籍"。苏洵创造了一种修谱体例——"苏氏谱例"，与欧阳修创立的另一谱例一道，被世人称为"欧苏谱例"，在谱学领域贡献巨大。

苏洵是教子有方的父亲。苏洵与其子苏轼、苏辙并以文学著称于世，世称"三苏"，均被列入"唐宋八大家"，创造了"一门父子三词客"的奇迹，实属难得。

译文

车轮、车辐条、车顶盖、车厢四周横木，对于车子都各有所用，唯独车前可凭扶的横木，好像没有用处。尽管这样，如果去掉横木，那么我们看见的就不是一辆完整的车子了。轼儿啊，我担心的是你不会隐藏自己的锋芒。天下的车没有不顺着车轮印走的，但谈到车的功劳，车轮印却从来都不参与其中。当然，车毁马亡时，也不会责难到车轮印上。这车轮印是能够很好地处在祸福之间的。辙儿啊，我知道你是能让我放心的。

读与思

苏洵落第后，对科举失去了信心，转而把希望寄托在两个儿子身上，写下了这篇《名二子说》，论说了两个儿子苏轼、苏辙取名的原因、不同性格，并对他们的一生作了十分准确的预言，以此对孩子进行教育和提醒。当时，苏轼十一岁，苏辙八岁。

苏洵认为，车上的各个部位"皆有职乎车"，都是车子不可或缺的部分。只有车轼"若无所为者"，好像没有什么用处。但轼并非真的没有用处，它是车子露在外面用作扶手的横木，可扶以远瞻，故苏轼字"子瞻"。车轼的突出特点是露在外面，因此苏洵说："轼乎，吾惧汝之不外饰也。"苏轼一生豪放不羁，锋芒毕露，确实"不外饰"，结果屡遭贬斥，险致杀身之祸。

辙是车轮碾过的轨道，更是车外之物，更无职乎车；但车行"莫不由辙"，仍是必不可少的。因它是车外之物，既无车之功，也无翻车之祸，所以说它"处乎祸福之间"。苏辙一生冲和淡泊，深沉不露，在当时激烈的党争中虽遭贬斥，但终能免祸，得以安度晚年。

这篇文章显示出苏洵对两个儿子的透彻了解，以及伴之而来的希望和担心，传达出无限情思，爱子之心，跃然纸上。

苏轼：以此进道常若渴

以此进道常若渴；以此求进常若惊；以此治财常思予；以此书狱常思生。

——苏轼：《迈砚铭》

家训由来

本文出自苏轼所作的《迈砚铭》。苏轼（1037—1101年），字子瞻，又字和仲，号铁冠道人、东坡居士，世称苏东坡、苏仙、坡仙，眉州眉山（今四川省眉山市）人，北宋文学家、书画家，治水名人。

苏轼是我国文学史上的天才全能作家，在诗、词、散文、书、画等方面都取得了很高成就。其诗题材广阔，清新豪健，与黄庭坚并称"苏黄"；其词旷达奔放，与辛弃疾同为豪放派代表，并称"苏辛"；其散文著述宏富，豪放自如，与欧阳修并称"欧苏"，位列"唐宋八大家"之一；苏轼亦善书，为"宋四家"之一；工于画，尤擅墨竹、怪石、枯木等。其小品文《记承天寺夜游》，全文仅八十余字，但意境超然，韵味隽永，为不可多得的妙品。苏轼仕途坎坷，曾用"问汝平生功业，黄州惠州儋州"概括自己多次被贬官，逐渐远离政治中心开封，而到了当时的荒蛮之地儋州。苏轼为官清廉，以"功废于贪，行成于廉"为座右铭。

译文

用这方砚台学习圣贤之道，应当经常是如饥似渴的；用它追求上进，应当经常有所警醒；用它书写治理财政的规章，应当经常考虑多给民众利益；用它书写狱文，应当经常想到多给犯人悔过自新的机会。

———— 读与思 ————

教子，是中华民族的优良传统，其形式之繁数不胜数，经典之作浩如烟海，但主旨却只有一个，那就是教育子孙后代向善、向上。苏轼以砚书训，以砚教子，创造了我国家训的新载体、新形式。

苏轼有四个儿子，除了早夭的小儿子，其他三个儿子皆恪守做官先做人的道理，风骨卓然。长子苏迈赴任饶州德兴县尉时，苏轼赠予他一方砚台，并亲手刻上二十八字的砚铭诗。儿行千里母担忧，儿为官宦父叮咛。儿子即将为官一方，父亲谆谆教诲，语重心长。教育儿子要不忘初心，善始善终，做一个利国利民的好官。以此教子，何事不成？以此铭世，泽被后人。

黄庭坚：家和则兴，不和则败

庭坚丫角读书，及有知识，迄今四十年。时态历观，曾见润屋封君，巨姓豪右，衣冠世族，金珠满堂。不数年间复过之，特见废田不耕，空囷不给。又数年复见之，有缧系于公庭者，有荷担而倦于行路者。问之曰：君家昔时蕃衍盛大，何贫贱如是之速也？有应于予者曰：嗟呼！吾高祖起自忧勤，唯噍类数口，叔兄慈惠，弟侄恭顺！为人子者告其母曰：无以小财为争，无以小事为仇，使我兄叔之和也。为人夫者告其妻曰：无以猜忌为心，无以有无为怀，使我弟侄之和也。于是共邑而食，共堂而燕，共库而泉，共禀而粟。寒而衣，其被同也，出而游，其车同也。下奉以义，上奉以仁。众母如一母，众儿如一儿。无你我之辩，无多寡之嫌，无思贪之欲，无横费之财。仓箱共目而敛之，金帛共力而收之，故官私皆治，富贵两崇。

……

吾子力道问学，执书策以见古人之遗训，观时利害，无待老夫之言矣。夫古人之气概风范，岂止仿佛耶？愿以吾言敷而告之，吾族敦睦当自吾子起。若夫子孙荣昌，世继无穷，吾言岂小补哉？因志之曰：《家训》。

——黄庭坚：《黄氏家训》

家训由来

本文出自黄庭坚所作的《黄氏家训》。黄庭坚（1045—1105年），字鲁直，自号山谷道人，晚号涪翁，又称黄豫章，洪州分宁（今江西省修水县）人，"江西诗派"的开山之祖，我国北宋诗人、词人、书法家。

译文

我黄庭坚自儿童时期开始读书，渐渐有了知识，到现在已经四十年了。时局世态一一看过，曾经看到那些富丽堂皇、受爵被封、大户富豪、世代承袭的贵族人家，金银珠宝堆满厅堂。没过几年时间再次探访时，只看到废弃的田地没人耕种，空空的粮囤没有供给。又过了几年再见到他们时，有的被拘禁在法庭，有的挑着担子在路上疲惫地奔波。问他们说："你家以前人口众多，金玉满堂，为什么贫穷衰落得如此迅速呢？"有人回答我说："唉！我的高祖从忧患中勤奋起家，当时的几口人只能勉强维持生存，但是叔父仁慈贤惠，兄弟的儿子和侄子恭敬有礼。做儿子的对他的母亲说：不要因为一点财产就与人发生争执，不要因为琐碎事情而树立仇敌。使我的叔父和睦相处。做丈夫的告诉他的妻子说：不要老是猜忌别人，不要老是挂念得失。使我兄弟的儿子和侄子能和睦相处。于是大家共同享有土地的产出，共同分享大家庭的快乐，共用一个府库中的钱币，同饮一个井里的水，共吃一个仓库的粮食。天气寒冷了要加衣服，他们穿的衣服是一样的；出外游玩，他们乘坐的车是相同的。凭道义来供养晚辈，用仁慈来奉养长辈。大家的母亲就像同一个母亲，大家的儿女就像同一个儿女。没有你我之分，没有多少之嫌，没有贪婪的欲望，没有意外的钱财。丰收的粮食和钱币丝绸，在大家的共同监督和同心协力下收藏。所以无论是公事还是私事，都治理得很好；无论是富裕还是显贵，都崇敬别人。"

......

我的孩子们啊，努力实现道义，勤学好问，拿书籍来看看古人遗留下来的准则，看看时局的利益和害处，不用等着我来说啊。古人的气概风范，何止我说的这样一个梗概呢？希望把我的这些话拿来告诉大家，我们家族敦善和睦应该从你们开始。对于子孙荣耀昌盛，世代相传无穷无尽来说，我的话难道只有一点点益处吗？因此记录这些话，这就是《家训》。

读与思

黄庭坚是二十四孝之一"涤亲溺器"的主人公。北宋年间，一位少年的母亲有洁癖，受不了马桶的异味。这位少年从小就每天亲自倾倒并清洗母亲所使用的马桶，数十年如一日。这位少年就是黄庭坚。

黄庭坚为官清正廉洁，刚正不阿，始终保持了一个士大夫的"不以民为梯，俯仰无所怍"的品行操守。他在太和县任上时，曾亲笔书写了宋太宗《戒石铭》中的"尔俸尔禄，民膏民脂。下民易虐，上天难欺"这十六字箴言，并刻成石碑立在官衙前，表达了他匡扶社稷、廉洁从政和敬民爱民的心志。南宋绍兴年间，宋高宗颁旨将黄庭坚手书的《戒石铭》颁发到全国各州县，刻成石碑，警诫各地官吏心怀百姓，为民分忧，决不能欺压百姓、鱼肉乡里。

黄庭坚写给儿子黄相的这篇家训，以自己四十年的阅历，对家族发出真诚的呼唤：家和则兴，不和则败。家和则"官私皆治，富贵两崇"，不会受外人欺负侮辱；不和则子弟在内钩心斗角，在外患难不相维护，这样家族衰亡必将随之而至。在形式上，这篇家训别出心裁，角度新颖，通篇以对话体的形式，借人之口，述己之意，排句迭起，一气贯注，虽为尺牍小品，仍能窥见大家风范。

张载：民胞物与

乾称父，坤称母；予兹藐焉，乃混然中处。故天地之塞，吾其体；天地之帅，吾其性。民，吾同胞；物，吾与也。

大君者，吾父母宗子；其大臣，宗子之家相也。尊高年，所以长其长；慈孤弱，所以幼其幼；圣，其合德；贤，其秀也。凡天下疲癃、残疾、惸独、鳏寡，皆吾兄弟之颠连而无告者也。

于时保之，子之翼也；乐且不忧，纯乎孝者也。违曰悖德，害仁曰贼，济恶者不才，其践形，惟肖者也。

知化则善述其事，穷神则善继其志。不愧屋漏为无忝，存心养性为匪懈。恶旨酒，崇伯子之顾养；育英才，颍封人之锡类。不弛劳而底豫，舜其功也；无所逃而待烹，申生其恭也。体其受而归全者，参乎！勇于从而顺令者，伯奇也。

富贵福泽，将厚吾之生也；贫贱忧戚，庸玉女于成也。存，吾顺事；没，吾宁也。

——张载：《西铭》

家训由来

本文出自张载所作的《西铭》。张载（1020—1077 年），字子厚，凤翔郿县（今陕西省宝鸡市凤翔区眉县）横渠镇人，北宋思想家、教育家，理学创始人之一。世称横渠先生，尊称张子，封先贤，奉祀孔庙西庑第三十八位。张载与周敦颐、邵雍、程颐、程颢合称"北宋五子"，有《正蒙》《横渠易说》等著述留世。

译文

乾即天，称为父亲；坤即地，称为母亲。我们这些渺小的人，同天地没有隔阂地处在其中，所以充塞天地之间的气，组成了我们人类的躯体。气之本性是天地之间的统帅，形成了我们人类的天性。民众是我们的同胞兄弟，万物是我们人类的伙伴。

天子是我乾坤父母的嫡长子，而大臣则是嫡长子的管家。尊敬年老的人，像尊敬自己的长辈那样；慈爱孤独的弱者，像慈爱自己的小孩那样。圣人是天地德性的集中，贤人是天地灵秀的实现。天下所有疲惫、困顿、残疾、无依无靠的人，都是我们兄弟中狼狈困苦、没有地方诉说的苦人。

我们自己要保重，这是对天地父母的敬爱；我们乐天而没有忧愁，这是纯洁孝心的体现。不听从天地之命叫作违背德性，损害仁德的行为叫作"贼"；促使这种损害仁德的行为发展，这是天地父母的不肖子孙；充分发挥天性，实现人的尊严，这才像天地父母的孝子。

懂得天地的变化，顺从天地的变化规律完成事业，通晓天地的神妙，就能够很好地继承天地父母的意志。在人看不到的地方不做亏心的事，就是不辱没天地父母的孝子，存养自己的心性，一点不松懈地敬事天地父母。厌恶美酒，崇伯的儿子禹成为保养天性的孝子。培育优秀人才，颍考叔的孝行使得同辈人成为孝子。在劳作中从不懈怠，舜最终成就了他的功业。面对命运的安排毫不逃避，申生表现出了极大的恭顺。爱护保全天地父母赐予的身体的人，是曾参啊！勇敢地顺从父亲的命令的人，是伯奇啊。

富有、尊贵、幸福、恩泽，是天地父母所赐，用以丰厚我的生活；贫困、卑贱、忧愁、悲伤，是天地在帮助你们成就一番事业。活着，我顺天行事；死去，我心安理得、安宁而去。

读与思

《西铭》虽然仅有二百五十三个字，却为人们安身立命构筑了一个共有的精神家园，为理想社会蓝图的构建提供了一个宏阔的境界，备受赞誉。今天，这篇铭文所描述的价值理想、所展现的人生追求，仍然有着积极意义。

另外，张载"为天地立心，为生民立命，为往圣继绝学，为万世开太平"的名言被当代哲学家冯友兰称作"横渠四句"，因其言简意宏，历代传颂不衰。

柳永：养子必教，教则必严

父母养其子而不教，是不爱其子也。虽教而不严，是亦不爱其子也。父母教而不学，是子不爱其身也。虽学而不勤，是亦不爱其身也。是故养子必教，教则必严；严则必勤，勤则必成。学，则庶人之子为公卿；不学，则公卿之子为庶人。

——柳永：《劝学文》

家训由来

本文出自柳永所作的《劝学文》。柳永（约987—约1053年），原名三变，字景庄，后改名柳永，字耆卿，因排行第七，又称柳七，福建崇安（今福建省武夷山市）人，北宋著名词人，婉约派代表人物。

柳永是第一位对宋词进行全面革新的词人，也是两宋词坛上创用词调最多的词人。柳永大力创作慢词，将敷陈其事的赋法移植于词，同时充分运用俚词俗语，以适俗的意象、淋漓尽致的铺叙、平淡无华的白描等独特的艺术手法，对宋词的发展产生了深远影响。代表作有《雨霖铃·寒蝉凄切》《蝶恋花·伫倚危楼风细细》《望海潮·东南形胜》《鹤冲天·黄金榜上》《八声甘州·对潇潇暮雨洒江天》等。柳永的词流传很广，有"凡有井水处，皆能歌柳词"的说法。

译文

　　父母生养了孩子却不教育他们，这是不爱自己的孩子。虽然教育却不严格要求，这也是不爱自己的孩子。父母教育孩子，孩子却不学习，这是孩子自己不珍爱自己。虽然学习却不勤奋，这也是不珍爱自己。因此，生养孩子必须教育，教育孩子必须严格要求；严格要求就必须勤奋努力，勤奋努力就一定会学有所成。努力学习，即使是普通百姓的孩子也有望成为王公大臣；不努力学习，即便是王公大臣的孩子也可能变成普通百姓。

读与思

　　柳氏家风，源远流长。到北宋时期，柳永兄弟三人，皆中进士，文播四方，名传千古。柳永儿子柳涚与侄子柳淇，亦考中进士，出现了"两代五进士"的奇观。柳永后人中，出过多名进士，至于举人、秀才、学士、硕士、博士，更是不计其数。国学大师柳诒徵、著名企业家柳传志等，就是柳永后人中的佼佼者。

　　柳永是北宋时期的风流才子，擅长诗词歌赋，还是一位倡导严谨治学、注重家庭教育的宿儒。柳永的《劝学文》含义深刻，从父母的角度讲，不重视对孩子的教育，或者对子女要求不严格，就是不爱孩子；从子女的角度讲，不勤奋学习，就是不珍惜自己。《劝学文》篇幅很短，通俗易懂，却发人深省，回味无穷。

家颐：人生至要无如教子

人生至乐无如读书，至要无如教子。父子之间不可溺于小慈。自小律之以咸，绳之以礼，则长无不肖之悔。教子有五：导其性，广其志，养其才，鼓其气，攻其病，废一不可。人家子弟惟可使觌德，不可使觌利。养子弟如养芝兰，既积学以培植之，又积善以滋润之。

——家颐：《教子语》

家训由来

本文出自家颐所作的《教子语》。家颐，生卒年不详，宋元之际眉州眉山（今四川省眉山市）人，字养正，号则堂。家颐潜心研读儒家经典，精通《春秋》。南宋灭亡后，他守志不仕，以教授生徒为生，其怀念故国，每当与诸生谈到宋朝兴亡时，常常叹息流泪。

译文

　　人生最大的乐趣没有比得上读书的，最重要的事情没有比得上教育孩子的。父子之间不能总是沉浸在溺爱、仁慈之中。对孩子，从小就要威严，用礼义的准则要求他，那么孩子长大以后家长就不会因为他无德无才而后悔。教育孩子要从五个方面做起：诱导他的秉性，拓展他的志向，培养他的才能，鼓舞他的勇气，克服他的毛病。这五点，缺一不可。对于家中子弟，只能使他随时看到美好的道德，不能让他过多看到世俗的功利。培养子弟好像养芝兰，既要用学识培植他，又要用善良美好的情感滋润他。

读与思

　　家颐的这篇家训从"读书""教子"两件大事说起，论述了教育后代的重要性，介绍了教育方法。家颐以培育名贵花木芝兰为喻，强调教育孩子要重视方式方法。在教育内容上，主张从"性情、志向、才能、士气、过失"五个方面着手，做到"积学"与"积善"相结合。

　　家颐认为应该根据家庭贫富对子女采取不同的教育方法。更加难能可贵的是，家颐还认识到，人的出身无法选择，但后天努力对个人成长具有重要意义。

陆游：子孙不可不使读书

子孙才分有限，无如之何，然不可不使读书。贫则教训童稚，以给衣食，但书种不绝足矣。若能布衣草履，从事农圃，足迹不至城市，弥是佳事。关中村落有魏郑公庄，诸孙皆为农，张浮休过之，留诗云："儿童不识字，耕稼郑公庄。"仕宦不可常，不仕则农，无可憾也。但切不可迫于衣食，为市井小人事耳，戒之戒之。

后生才锐者最易坏，若有之，父兄当以为忧，不可以为喜也。切须常加简束，令熟读经子，训以宽厚恭谨，勿令与浮薄者游处。如此十许年，志趣自成。不然，其可虑之事盖非一端。吾此言后人之药石也，各须谨之，毋贻后悔。

——陆游：《放翁家训》

家训由来

本文出自陆游所作的《放翁家训》。陆游（1125—1210年），字务观，号放翁，越州山阴（今浙江省绍兴市）人，南宋爱国诗人，著有《剑南诗稿》《渭南文集》等数十个文集存世，自言"六十年间万首诗"，今尚存九千三百余首，是我国现有存诗最多的诗人。《示儿》可以说是陆游的临终家训："死去元知万事空，但悲不见九州同。王师北定中原日，家祭无忘告乃翁。"

译文

　　子孙的天赋有差别，不可强求，但是不能不让他们读书。如果家庭贫困，就当老师教育小孩子读书，借以养家糊口，同时还能保存读书的种子。如果穿着布衣草鞋，从事种田种菜，活动的足迹不在城市的范围内，也是一件好事，可以远离是非。关中的农村里有一个叫魏郑公庄的地方，孙子一辈的都在家务农，张浮休路过那里，留下了一句诗："儿童不识字，耕稼郑公庄。"当官不是常态，不当官做农民，也没有什么遗憾的。但是绝不能为了谋取衣食而成为集市上坑蒙拐骗的小人，这是必须牢记在心的。

　　才思敏捷的孩子，最容易学坏。倘若有这样的情况，做长辈的应当为此忧虑，而不能为此欣喜。一定要经常加以约束和管教，让他们熟读儒家经典，训导他们做人必须宽容、厚道、恭敬、谨慎，不要让他们与轻浮浅薄之人来往。这样坚持十多年后，他们的志向和情趣会自然养成。不这样的话，可担忧的事情就多了。我的这些话，是年轻人治病的良药，应该谨慎对待，不要留下遗憾和愧疚。

读与思

陆游认为，教育孩子读书是家长的第一要务，对天生聪明的孩子更应该严加管教，让他多读书，教导他要宽厚谦虚，不可以浮夸，更不能做靠坑蒙拐骗为生的市井小人。

朱熹：正其衣冠，尊其瞻视

正其衣冠，尊其瞻视，潜心以居，对越上帝。

足容必重，手容必恭，择地而蹈，折旋蚁封。

出门如宾，承事如祭，战战兢兢，罔敢或易。

守口如瓶，防意如城，洞洞属属，罔敢或轻。

不东以西，不南以北，当事而存，靡他其适。

弗贰以二，弗参以三，惟精惟一，万变是监。

从事于斯，是曰持敬，动静无违，表里交正。

须臾有间，私欲万端，不火而热，不冰而寒。

毫厘有差，天壤易处，三纲既沦，九法亦斁。

于乎小子，念哉敬哉，墨卿司戒，敢告灵台。

——朱熹：《敬斋箴》

家训由来

本文出自朱熹所作的《敬斋箴》。朱熹（1130—1200年），祖居徽州婺源（今江西省上饶市婺源县），出生于福建尤溪（今福建省三明市尤溪县），定居建阳（今福建省武夷山市）。朱熹是南宋著名理学家、思想家、哲学家、诗人、教育家、文学家。

朱熹是宋代理学的集大成者，继承了北宋程颢、程颐的理学，构建了客观唯心主义的体系。朱熹认为理是世界的本质，"理在先，气在后"，提出"存天理，灭人欲"。他学识渊博，对经学、史学、文学、乐律乃至自然科学都有研究。

朱熹既是我国历史上著名的思想家，又是一位著名的教育家。他一生热心于教育事业，孜孜不倦地授徒讲学，在教育思想和教育实践上都取得了重大成就。

译文

穿戴衣帽要端正，仰看平视要保持尊严，居住时要心中安静而专一，做人做事，无愧于上天。

行走的姿态一定要庄重踏实，举止仪表一定要恭敬，弹琴、唱歌、舞蹈时，要选择地方，乘马往返于像蚁穴那样曲折的小路时，也要保持其奔驰之势。

只要一出门，就好像去接待贵宾一样。承担事情，就好像去参加大祭时的典礼一样。经常谨慎小心地做事，不敢有一点疏忽。

像堵塞住瓶口一样不要随便说话，像筑起城墙一样严防邪念侵入心中，恭敬虔诚地对待一切，不敢有一丝一毫的轻视。

要表里如一，不能以西而向东，不能以北而向南，按事物的本来实际办事，不要因外物的引诱而丧失本心。

要保持专一的心境，不能没有贰而说成二，没有叁而说成三，唯有心境专一，才能把握住事物的变化规律。

像这样去学习和做事，就叫作"持敬"。无论动与静都不违背上述原则，就会表里一致、正确无误。

即使只有短时间的背离，也会产生千万种私心杂念，那就如同没有接触火而感到燥热，没有碰到冰而感到寒冷一样躁怒忧惧。

一旦有一丝一毫的差错，就会造成天与地那样大的差别，三种主要的道德纲常既然已经被淹没，那么九种主要的治国大法也就被败坏。

对于我们这些人，要时刻记住这些，勤勉警诫，并以此常常告诫自己的心灵。

读与思

朱熹根据南宋哲学家张栻的《主一箴》写成了《敬斋箴》，用以阐发自己的持敬理论。《敬斋箴》文体为"箴"（一种以规劝、告诫为主的文体），以四言诗的形式表达日常涵养的原则，因其文"书斋壁以自警"，故名《敬斋箴》。古人曾经这样解释《敬斋箴》："箴凡十章，章四句。一言静无违，二言动无违，三言表之正，四言里之正，五言心之正而达于事，六言事之主一而本于心，七总前六章，八言心不能无适之病，九言事不能主一之病，十总结一篇。"

该箴强调内静、外敬是礼仪的两个基本规范，外敬是内静的外在体现，内静是外敬的内在基础。强调只有持续不断地按照《敬斋箴》的要求去做，才能达到人生修养的理想境界。

明朝初年书法家沈度以"台阁体"书写的《敬斋箴》，结字匀停、丰润醇和、端雅雍容、工整精致，促进了《敬斋箴》的传播。

陆九韶：居家切忌七病

居家之病有七：曰笑，曰游，曰饮食，曰土木，曰争讼，曰玩好，曰惰慢。有一于此，皆能破家。其次贫薄而务周旋，丰余而尚鄙啬，事虽不同，其终之害，或无以异，但在迟速之间耳。夫丰余而不用者，疑若无害也。然己既丰余，则人望以周济，今乃忿（jiá）然，必失人之情。既失人情，则人不佑，人惟恐其无隙。苟有隙可乘，则争媒蘖之。虽其子孙，亦怀不满之意。一旦入手，若决堤破防矣。

——陆九韶：《居家正本制用篇》

家训由来

本文出自陆九韶所作的《居家正本制用篇》。陆九韶（1128—1205 年），字子美，南宋抚州金溪（今属江西）人，著名理学家，与弟陆九龄、陆九渊合称"三陆"。他曾与朱熹进行《西铭》论战，指出朱熹太极之失，"不当于太极上加无极二字"。又曾谓"晦翁（朱熹）《太极图说》与《通书》不类"。陆九韶曾筑室梭山，自号梭山居士、梭山老圃，以讲学为己任，影响颇大。

译文

家居生活，有七种弊病：戏谑取笑，四处游荡，饮食没有节制，大兴土木，好与人诉讼，花费重金收藏东西，怠惰亵慢等。有其中某一方面的坏，都足以破家。家境贫寒却硬撑排场，家境优渥却贪心吝啬，这两种情况虽然不同，最后产生的祸害并无分别，报应只在早晚罢了。家境优渥而不愿花费，似乎没什么不好。但是自己既有丰厚财富，亲戚朋友有困难时，自然会希望你能救助，若忍心忽视，不肯伸出援手，必伤两家感情。不幸伤了感情，日后他不仅不帮你，还会常找机会争相陷害，即使是他的子孙，也会心怀不满。对方一旦出手相害，便如河岸溃堤，难以收拾了。

读与思

家训中讲的居家七种毛病，因为时代的变化，有的已经不算什么不当行为了。但需要强调的是，任何事情都有一个"度"，戏谑取笑可能引起误会，四处游荡就会浪费时间。家训中还讲到需要克服的两种毛病：家境贫寒却铺张浪费讲排场，家境优渥却贪心吝啬做守财奴。

吕祖谦：敬宗祖、严治家、重品性、育实才、倡清廉

敬宗祖：亲亲故尊祖，尊祖故敬宗。此一篇之纲目。人爱其父母，则必推其生我父母者，祖也。又推而上之，求其生我祖者，则又曾祖

也。尊其所自来，则敬宗。儒者之道，必始于亲。此非是人安排，盖天之生物，使之一本，天使之也。譬如木根，枝叶繁盛，而所本者只是一根。

严治家：子弟不奉家庙，未冠执事很慢，已冠颓废先业，并行夏楚。执事很慢，谓祭祀时醉酒，高声喧笑斗争，久待不至之类。颓废先业，谓不孝、不忠、不廉、不洁之类。凡可以破坏门户者，皆为不孝。凡出仕，不问官职大小，蠹国害民者，皆为不忠。凡法令所载赃罪，皆为不廉。凡法令所载滥罪，皆为不洁。

重品性：凡预此集者，闻善相告，闻过相警，患难相恤，游居必以齿，相呼不以丈，不以爵，不以尔汝。……毋得品藻长上优劣，訾毁外人文字。郡邑政事，乡间人物，称善不称恶。毋得干谒、投献、请托。毋得互相品题，高自标置，妄分清浊。语毋亵、毋谀、毋妄、毋杂。毋狎非类。毋亲鄙事。

育实才：凡与此学者，以讲求经旨、明理躬行为本。肄业当有常，日纪所习于簿，多寡随意。如遇有干辍业，亦书于簿。一岁无过百日，过百日者，同志共摈之。凡有所疑，专置册记录。同志异时相会，各出所习及所疑，互相商榷，仍手书名于册后。怠惰苟且，虽漫应课程，而全疏略无叙者，同志共摈之。不修士检，乡论不齿者，同志共摈之。

倡清廉：世之仕者，临财当事不能自克，常自以为不必败。持不必败之意，则无不为矣。然事常至于败，而不能自已。故设心处事，戒之在初，不可不察。借使役用权智，百端补治，幸而得免，所损已多，不若初不为之为愈也。

——吕祖谦：《东莱别集》

家训由来

本文出自吕祖谦所作的《东莱别集》。吕祖谦（1137—1181年），字伯恭，浙江婺州（今浙江省金华市）人。因其伯祖吕本中号东莱，为与伯祖吕本中相区别，世称吕祖谦为"小东莱先生"。吕祖谦是南宋理学家，与朱熹、张栻并称"东南三贤"。

吕祖谦开创的"婺学"和朱熹开创的"闽学"，以及陆九渊、陆九龄兄弟开创的"心学"成为南宋的三大学派，推动了学术的发展和繁荣。吕氏一族致力学术，也世代仕宦，出将入相，为国尽忠。

译文

敬宗祖：亲爱父母就会尊敬祖先，尊敬祖先就会敬爱宗族。这是一篇的纲目。人亲爱自己的父母，就必然会推及生父母的人，那就是祖父母。再推上去，生祖父母的，那就是曾祖父母。尊重自己的来处，所以要敬爱宗族。儒者之道，必然始于孝亲。这并非人的安排，而是天生万物都使它有一个根本，是天道使然。比如树根，枝叶再繁茂，也只有一条根。

严治家：子弟不重家庙，未成年人做事违逆怠慢，成年人败坏先人功业，都要接受惩罚。做事违逆怠慢，指祭祀的时候喝醉，大声喧哗说笑，争执斗殴，久候不到之类。败坏先人功业，指不孝、不忠、不廉、不洁之类。凡是损害家族名声的，都是不孝。凡是出去做官，不论官职大小，祸害国家和百姓的，都是不忠。凡是犯了法令规定的贪赃之罪，都是不廉。凡是犯了法令规定的滥用职权之罪，都是不洁。

重品性：凡来参加学习的学子，听到善事相互告知，听到过错相互警醒，患难之时相互帮助，行止起居按年龄次序，彼此称呼不用尊称、爵位、你我。……不得品评尊长好坏，非议、诋毁外人文字。郡县政事与乡间人物，说善不说恶。不得干谒权贵、以财行贿、托人以私。不得互相评论，自以为高，妄分高下。说话不得亵慢，不得谄媚，不得狂妄，不得杂沓。不得亲近不正的人。不得接触不好的事。

育实才：凡参与学习的，以讲求经义大旨、明白道理并躬行实践为根本。学习应该有规律，每天把学到的东西记录在本子上，多少随意。如果遇到有事情要停止学业，也要记在本子上。一年不要超过一百天。超过一百天的，大家要一起摈弃他。凡有疑惑的地方，专门设一个本子记录。大家之后见面时，把自己所学与所疑的东西拿出来互相商榷，也要把自己的名字写在本子后面。怠慢疏懒苟且过活的学生，即使随意地应付了课程，却全然粗疏简略没有次序的，大家要一起摈弃他。不培养士人应有的操守，为乡民所不齿的，大家要一起摈弃他。

倡清廉：世上当官的，面对钱财和权力的时候不能自我克制，常自以为不一定会败露。有这种不一定会败露的思想，就无所不为了。然而，事情常常会败露，却不能主动停止去做坏事。所以存心治事，最应警惕的是初心，这一点不可不察。事情败露后如果运用权变智略百般补救，即使侥幸得免，损失也已经很大了，不如当初不做更好。

读与思

吕氏家族是北宋著名的儒学世家，从北宋开国到南渡，八代出过五位宰相、十七位进士。这样的名门望族，自然极为重视对族人的教育。从吕希哲、吕本中到吕祖谦，吕氏数代都有家规家训传世。

吕氏家训的核心是敬宗收族，既有对吕氏子弟尊祖敬宗、重社稷、爱百姓的道德要求，也有涉及家塾、婚礼、葬仪等各个方面的行为规范。到吕祖谦时，又身体力行，从理论和实践两方面丰富深化了家训思想。吕氏家族的家风故事、家训家规已被中纪委列为重要的家风和廉政教育典型教材。

薛瑄：人之所以异于禽兽者，伦理而已

人之所以异于禽兽者，伦理而已。何为伦？父子、君臣、夫妇、长幼、朋友，五者之伦序是也。何为理？即父子有亲、君臣有义、夫妇有别、长幼有序、朋友有信，五者之天理是也。于伦理明而且尽，始得称为人之名，苟伦理一失，虽具人之形，其实与禽兽何异哉？

盖禽兽所知者，不过渴饮饥食、雌雄牝牡之欲而已，其于伦理，则愚然无知也。故其于饮食雌雄牝牡之欲既足，则飞鸣踯躅，群游旅宿，一无所为。若人但知饮食男女之欲，而不能尽父子、君臣、夫妇、长幼、朋友之伦理，即暖衣饱食，终日嬉戏游荡，与禽兽无别矣！

——薛瑄：《诫子书》

家训由来

本文出自薛瑄所作的《诫子书》。薛瑄（1389—1464年），字德温，号敬轩，蒲州河津县（今山西省运城市万荣县）人，明代著名思想家、理学家、文学家，河东学派的创始人，世称"薛河东"。薛瑄创立的"薛学"被清人视为"朱学"的传宗，为"明初理学之冠""开明代道学之基"。

译文

　　人和禽兽的不同之处，只有人伦道德之理而已。什么是伦？就是父子、君臣、夫妇、长幼、朋友这五种人伦次序。什么是理？就是父子之间有亲爱的感情，君臣之间有相敬的礼义，夫妇之间有内外的分别，长幼之间有尊卑的次序，朋友之间有诚信的友谊，这五种是天理。能够明白伦理而且完全做到了，才可称为人。如果丧失伦理，纵然具有人的形体，事实上，和禽兽有什么不同呢？

　　大抵禽兽所知道的，只是渴了要喝，饿了要吃，以及雌雄阴阳本性上的色欲罢了，对于伦理，则愚昧不知。所以它们在饮食、色欲满足之后，就飞翔、鸣叫、蹀步徘徊，成群结伴游驱栖息，一点事也不做。而如果身为人只知道饮食及男女的欲望，却不能做到父子、君臣、夫妇、长幼、朋友的人伦道德之理，在穿暖吃饱之后，就整日玩乐游逛，那和禽兽就没有什么分别了。

读与思

　　薛瑄既是慈父，又是严师，为了教育儿子，他语重心长、用心良苦，再三忠告儿子要深刻认识父子、君臣、夫妇、长幼、朋友的人伦道德之理，千万不要沦落到禽兽的境地。孟子认为，"人之所以异于禽兽者，几希"。薛瑄认为，人之所以异于禽兽者，五伦之理而已。必须深刻认识伦理在"修道立教"中的重要地位。

这是一个和蔼可亲的父亲对儿子未来人生的提醒和指导，可以使后来人从中获益，少走弯路、少犯错误、不犯重大错误，立定脚跟，做一个堂堂正正的君子，做一个大写的人。

袁采：颜色辞气暴厉，能激人之怒

亲戚故旧，因言语而失欢者，未必其言语之伤人，多是颜色辞气暴厉，能激人之怒。且如谏人之短，语虽切直，而能温颜下气，纵不见听，亦未必怒。若平常言语，无伤人处，而词色俱厉，纵不见怒，亦须怀疑。古人谓"怒于室者色于市"，方其有怒，与他人言，必不卑逊。他人不知所自，安得不怪？故盛怒之际与人言话尤当自警。前辈有言："诫酒后语，忌食时嗔，忍难耐事，顺自强人。"常能持此，最得便宜。

——袁采：《袁氏世范》

家训由来

本文出自袁采所作的《袁氏世范》。袁采（？—1195年），字君载，南宋衢州（今浙江省衢州市）人，进士及第，先后任乐清、政和、婺源县令，以廉明刚直著称。他感慨当年子思在百姓中宣传中庸之道的做法，撰写《袁氏世范》一书，践行儒家伦理，教化百姓。

译文

　　亲朋好友，故交旧识，因为说话不当而交情破裂的，未必都是因为说了伤害别人的话，很多是因为态度、言辞、语气过于粗暴，所以激起了别人的愤怒。比如规谏别人的短处，话语虽然恳切直爽，却能和颜悦色，纵使不被对方听取，也不至于惹怒对方。平常说话本来没有伤人的地方，而言辞声色都很严厉，即使不使对方恼怒，也会引起人家怀疑。古人说："在家里生气后，难免会把怒色带到外面去。"正值他生气的时候，和别人说话，一定不会显示谦逊。别人不知道是什么原因，怎么能不奇怪呢？因此在大怒的时候和别人说话更应该警惕，不要伤害到别人。前辈曾经说过："酒后不胡言乱说，吃饭时不生气胡说，能忍受难以忍受的事，不与自以为是的人争论。"经常坚持这样做，对自己是有好处的。

—————— 读与思 ——————

《袁氏世范》共三卷，分睦亲、处己、治家三门，传世之后，很快便成为私塾学校的训蒙课本，"行之一时，垂诸后世"。《四库全书提要》评价说："其书于立身处世之道反复详尽，所以砥砺末俗者极为笃挚，明白切要，览者易知易从，固不失为《颜氏家训》之亚也。"历代士大夫十分推崇该书，将它奉为至宝，多次刊印。西方汉学界也高度重视该书，翻译并介绍到西方。

"良言一句三冬暖，恶语伤人六月寒"是人们熟知的道理。说话是一门艺术，有些话自某些人口里说出，亲切婉转，使人如沐春风；自另一些人口里说出，暴厉生硬，让人难以接受。尤其是劝说别人，更要讲究方式，注重分寸，和颜悦色，循循善诱，动之以情，晓之以理，这样才能达到劝说的目的，又不伤和气。

倪思：君子当为子孙计

君子岂不为子孙计？然其子孙计，则有道矣。种德，一也。家传清白，二也。使之从学而知义，三也。受以资身之术，如才高者，命之习举业，取科第；才卑者，命之以经营生理，四也。家法整齐，上下和睦，五也。为择良师友，六也。为取淑妇，七也。常存俭风，八也。如此八者，岂非为子孙计乎？循理而图之，以有余而遗之，则君子之为子孙计，岂不久利，而父子两得哉？

——倪思：《经锄堂杂志》

家训由来

　　本文出自倪思所作的《经锄堂杂志》。倪思（1147—1220年），字正甫，湖州归安（今浙江省湖州市）人，宋代学者。倪思曾为著作郎，在翰林院供职；历任礼部侍郎、兵部尚书、礼部尚书等职，主张积极抗金，反对屈膝求和，以直谏著称。著有《齐山甲乙稿》《兼山集》《经锄堂杂志》等。

译文

　　贤德之人怎么能不为子孙打算呢？但他们为子孙打算是有原则的。第一，为子孙留下美德。第二，家传清白。第三，让他们学习从而知道礼义。第四，让他们掌握生存的本领，有才华的就让他们学习科举的知识，考取功名；没有才华的，就让他们学习经营家业的本领。第五，家法严整，上下和睦。第六，为子孙选择良师益友。第七，为子孙求娶贤惠的妻子。第八，养成节俭的家风。这八个方面，难道不是为子孙作打算吗？遵循道理来谋划子孙的未来，把自己的人生经验传给子孙，就是君子在为子孙作打算，这难道不是从长远考虑，从而使父亲、儿子各得其所吗？

读与思

　　绝大多数家长都能做到为子孙考虑，一部分家长能为子孙作长远的打算，也有少数家长急功近利，揠苗助长，不但不能使子女成才，相反却害了子女。倪思认为，一个人要从八个方面为子孙后代考虑，让后代依据个人才智天分，安身立命。

第六章

明代
经典家训

明朝（1368—1644年）建立者是明太祖朱元璋。初期建都南京，明成祖朱棣迁都北京。明初历经洪武之治、永乐盛世、仁宣之治等治世，政治清明、国力强盛。1449年经土木堡之变由盛转衰，后经弘治中兴、万历中兴国势复振。晚期因政治腐败、东林党争和天灾外患导致国力衰退，爆发农民起义。1644年李自成攻入北京，崇祯帝自缢，明朝灭亡，随后清兵入关，清朝建立。

　　明太祖朱元璋为巩固朱氏政权，建章立制，编撰帝王家训《皇明祖训》，训诫后世子孙。后来出现了"天子守国门，君王死社稷"的佳话。朱元璋重视社会风俗教化，曾将累世同居、孝义传家的浙江浦江郑氏家族树立为家训教化的典型，加以表彰，推动了家训文化的发展。这一时期出现了一种格言体裁的家训，如王阳明的《示宪儿》，王夫之的《示侄孙生蕃》，风格清新，富含哲理，言简意赅，言近旨远，很受人们的喜爱，因而流传颇广。家训内容更加丰富多彩，发挥了更大的社会教化作用。

朱元璋：若生怠慢，祸必加焉

自古帝王以天下为忧者，唯创业之君、中兴之主，及守成贤君能之。其寻常之君，不以天下为忧，反以天下为乐，国亡自此始。何也？帝王得国之初，天必授于有德者。若守成继体之君常存敬畏，以祖宗忧天下之心为心，则能永受天命；苟生怠慢，危亡必至。可不畏哉？

——朱元璋：《皇明祖训》

家训由来

本文出自朱元璋主持编撰的《皇明祖训》。朱元璋（1328—1398年），字国瑞，原名重八、兴宗，濠州钟离（今安徽省凤阳县东北）人，卓越的政治家、战略家、军事家，明朝开国皇帝，中国历史上最杰出的君主之一，1368—1398年在位，庙号太祖，年号洪武，葬于南京明孝陵。

朱元璋一生勤于政事，建树颇多：强化中央集权，废除丞相和行中书省，设三司分掌地方权力，严惩贪官和不法勋贵；兴修水利，减免税负，丈量全国土地，清查户口；大兴科举，建立国子监培养人才，社会生产逐渐恢复和发展，史称"洪武之治"。朱元璋创设的大量制度典章，不但打下了明朝近三百年基业，还影响到清朝。

译文

古代帝王能以天下之忧为忧的，只有创业的帝王、中兴的帝王，以及守成的贤能君主能做到。那些寻常的帝王，不以天下之忧为忧，反而把拥有天下作为快乐，国家灭亡从这里开始。为什么这样说呢？创业的帝王得到国家，是因为上天一定会把天下授予有德的人。如果守成的帝王时常怀着敬畏之心，以祖宗忧天下之心为心，就能永远受到上天的眷恋照顾；如果心生怠慢，怠于政事，祸患就要临头了。能不敬畏吗？

读与思

朱元璋起自淮西布衣，经过千难万苦，驱逐胡虏，平定天下，恢复中华，建立大明王朝，可谓宵衣旰食，夙夜不懈。后世帝王，生于深宫，长于妇人之手，哪里会知道世事的艰辛、人心的险恶呢？对此，朱元璋告诫他们要心存敬畏，勤于政事，而不能把拥有天下作为乐事，否则，大祸就要临头了。

方孝孺：虑远

无先己私，而后天下之虑；无重外物，而忘天爵之贵。

无以耳目之娱，而为腹心之蠹；无苟一时之安，而招终身之累。

难操而易纵者，情也；难完而易毁者，名也。

贫贱而不可无者，志节之贞也；富贵而不可有者，意气之盈也。

——方孝孺:《家人箴》

家训由来

本文出自方孝孺所作的《家人箴》。方孝孺（1357—1402年），字希直，又字希古，号逊志，浙江台州府宁海县（今浙江省宁海县）人，明朝大臣、学者、文学家、散文家、思想家。

"靖难之役"后，燕王朱棣进南京当了皇帝，文武百官大多见风转舵，投降燕王。方孝孺坚贞不屈，拒绝为朱棣草拟即位诏书，被灭十族（宗亲九族加学生）。燕王朱棣的高级谋士姚广孝了解方孝孺，破城之前，曾请求朱棣不要加害方孝孺，否则天下读书种子绝矣。方孝孺因此被称为"读书种子"。永乐帝朱棣的儿子明仁宗朱高炽继位后为方孝孺平反。南明弘光帝追谥"文正"。

译文

不要把个人的一己私利放在前面，而不考虑天下人的公利；不要看重个人的身外之物，而忘记了上天赐予的责任和福禄。

不要沉溺于耳目的娱乐，而忘记了修养身心；不要贪图一时的安逸，而招来终身的拖累。

难以把握而易于放纵的是感情；难以完满而容易毁掉的是名声。

生活贫困地位低下的人，不能没有高远的志向和坚贞的节操；家庭富裕身份尊贵的人，不能沾染傲慢的习气和轻浮的作风。

读与思

《家人箴》是方孝孺为家族之人所作的规劝之言，包括序言和"正伦""重祀""虑远"等十五部分。在"虑远"部分，方孝孺告诫家人要正确处理公私关系，把天下公利放在重要地位，不能放纵耳目之娱，要重视身心修养，涵养道德，做一个"贫贱不能移，富贵不能淫，威武不能屈"的大丈夫。

曹端：公则民不敢慢，廉则吏不敢欺

吏不畏吾严而畏吾廉，民不服吾能而服吾公。公则民不敢慢，廉则吏不敢欺。

——曹端：《官箴》

家训由来

本文出自曹端所作的《官箴》。曹端（1376—1434年），字正夫，号月川，又称"月川先生"，河南渑池（今河南省三门峡市渑池县）人，明朝初年学者、理学家，为"程朱理学"成为明清两代的主流意识形态起了决定性作用，被尊为"明初理学之冠"。明代学者陈建所著《通纪》曰："本朝武功首推刘诚意（即刘基），理学肇自曹静修（曹端）。"著有《曹月川集》《孝经述解》《四书详说》等。

曹端是"公生明，廉生威"官箴的创始人。明永乐年间，曹端的弟子郭晟到长安赴任，过蒲州拜见先生问为政的要领，曹端说："其公廉乎！古人云：'吏不畏吾严而畏吾廉，民不服吾能而服吾公。公则民不敢慢，廉则吏不敢欺。'"第一次提出了为官"公廉说"，后人称曹端为"公廉之父"。

译文

下属不害怕我严厉，而害怕我廉洁；百姓不服我的才能，而服我的公正。办事公正，百姓就不敢怠慢；为政清廉，下属就不敢欺瞒。

—— **读与思** ——

明宣德年间，比曹端晚生十九年的山东巡抚年富在其府衙树碑，镌刻此文。

年富去世三十七年后，明弘治年间，山东泰安知府顾景祥发现了这块碑，重刻了这则官箴以自警。

这则官箴，可谓字字警策，句句药石。它诠释为官之本最重要的莫过于两点：一是公，二是廉。习近平总书记在2014年中央政法工作会议上用"公生明，廉生威"告诫党员干部，要坚持以公开促公正、以透明保廉洁，增强主动公开、主动接受监督的意识。在工作生活中，党员干部要牢记习近平总书记的殷殷嘱托，牢记清廉是福、贪欲是祸，经常对照党章党规党纪、对照初心使命检视自己，时刻自重自省，严守规矩纪律，守住政治关、权力关、交往关、生活关、亲情关，永葆共产党人清正廉洁的政治本色。

王阳明：幼儿曹，听教诲

幼儿曹，听教诲：勤读书，要孝悌；学谦恭，循礼义；节饮食，戒游戏。毋说谎，毋贪利；毋任情，毋斗气；毋责人，但自治。能下人，是有志；能容人，是大器。凡做人，在心地：心地好，是良士；心地恶，是凶类。譬树果，心是蒂；蒂若坏，果必坠。吾教汝，全在是。汝谛听，勿轻弃。

——王阳明：《示宪儿》

家训由来

本文出自王守仁所作的《示宪儿》。王守仁（1472—1529年），幼名云，字伯安，别号阳明，余姚北城（今浙江省余姚市）人，明代著名的思想家、哲学家、书法家、军事家、教育家，心学集大成者。

王阳明弘治十二年（1499年）进士，历任刑部主事、贵州龙场驿丞、庐陵知县、右佥都御史、南赣巡抚、两广总督等职，晚年官至南京兵部尚书、都察院左都御史。因平定宸濠之乱等军功而封爵新建伯，隆庆时追赠侯爵。

译文

孩子们啊，听我的教诲：你们要勤奋读书，孝顺父母，敬爱兄长；要学习谦恭待人，一切要适宜和遵循礼节；要节制饮食，少玩游戏。不要说谎，不能贪利；不要任情耍性，不要与人斗气；不要责备他人，要懂得自我管理。能放低自己的身份，是有志气的表现；能容纳别人，是有度量的表现。做人的尺度就是心地的好坏：心地好，就是好人；心地恶，就是恶人。这就如同树上的果子，它的心是蒂；如果蒂先败坏了，果子必然坠落。我现在教诲你们的，全都在这里。你们应好好听从，不可丢弃。

读与思

作为中国传统儒家思想的代表人物之一，王阳明与孔子、孟子、朱熹并称"孔孟朱王"。他与薛瑄、胡居仁、陈献章都是明朝从祀孔庙的学者。王守仁深入浅出地阐释阳明心学"心即理""知行合一""致良知"的核心理念，旨在让人轻松领悟阳明心学的神奇智慧，修炼强大的内心，开启与生俱来的明德，获得幸福完美的人生。

《示宪儿》被称为王阳明家规"三字经"，整篇家规，用歌谣体裁，三字一句，共三十二句，一韵到底，朗朗上口。可以说，《示宪儿》三字诗既是亘古不灭的教育法门，也是另一个角度的阳明心学。全文虽然只有九十六字，却浓缩了为人处世的大智慧。后来，王氏后人秉承王阳明的训子家规理念，形成了以"三字十二条"为代表的姚江王氏族箴，成为这个家族安身立命的宗旨和规范。

《示宪儿》包括四个方面的内容，即学问、礼仪、智慧、德行。这是王阳明家训的核心思想，也是心学的灵魂，更是一个士人所必须具备的素质。

郑晓：胆大心小智圆行方

胆欲大，心欲小；智欲圆，行欲方。大志非才不就，大才非学不成。学非记诵云尔，当究事所以然，融于心目，如身亲履之。南阳一出即相，淮阴一出即将，果盖世雄才，皆是平时所学。志士读书当知此。

——郑晓：《训子语》

家训由来

本文出自郑晓所作的《训子语》。郑晓（1499—1566年），字窒甫，号淡泉，嘉兴府海盐县（今浙江省嘉兴市海盐县）人，明代大臣，曾任刑部尚书等职，一度被严嵩陷害。郑晓精通经术，长于史学，熟悉国家典故。郑晓还乡后，居住百可园，园名取意于汪信民"咬得菜根，百事可做"，专注于抄书、著述、收集图籍，其著述和藏书的许多原本流落至美国国会图书馆。

译文

一个人做事要胆大，有魄力，但考虑事情要心细、周密；用智慧要圆通灵活，但行为要端正大方。有大志向而没有才干不会取得成就，有才干而不勤学苦练就不会取得成功。读书不是死记硬背，而要探究事物的因果关系，做到融会贯通，如亲身实践一样。隐居于南阳的诸葛亮一出山就能胜任丞相之职，淹没于淮阴的韩信一被任用就拜为大将。事实证明他们都是盖世雄才，这都是平时善于学习的结果。一个有远大志向的人在平时读书的时候就应当知道这些道理。

读与思

郑晓对考中进士、即将走上仕途的儿子郑履淳写下了这段训词，作为父子临别之言。训词虽然寥寥数语，但内容丰富，不仅讲了做官的道理，而且讲了做人的道理。

"胆大""心小""智圆""行方"，这八个字蕴含了郑晓一生为人处世的经验和哲理。郑晓学问渊博，经济宏深，持论正而不迂，严而不苛，刚而不激，高而不亢。在官场之上，光明磊落，敢作敢为，不畏权贵，苟利于国家百姓之事，他不计个人得失荣辱，勇往直前。

郑履淳捧读这段训词，表示一定要遵循父训。在当时吏治不清、政治腐败的情况下，郑履淳居官清正，办事干练，颇有声誉，受到同僚们的敬重。

袁黄：立命之学

《书》曰："天难谌，命靡常。"又云："惟命不于常。"皆非诳语。吾于是而知，凡称祸福自己求之者，乃圣贤之言。若谓祸福惟天所命，则世俗之论矣。

汝之命，未知若何。即命当荣显，常作落寞想；即时当顺利，常作拂逆想；即眼前足食，常作贫窭（jù）想；即人相爱敬，常作恐惧想；即家世望重，常作卑下想；即学问颇优，常作浅陋想。

远思扬祖之德，近思盖父母之愆（qiān）；上思报国之恩，下思造家之福；外思济人之急，内思闲己之邪。

务要日日知非，日日改过；一日不知非，即一日安于自是；一日无过可改，即一日无步可进；天下聪明俊秀不少，所以德不加修、业不加广者，只为因循二字，耽阁一生。

云谷禅师所授立命之说，乃至精、至邃、至真、至正之理，其熟玩而勉行之，毋自旷也。

——袁黄：《了凡四训·立命之学》

家训由来

本文出自袁黄所作的《了凡四训·立命之学》。袁黄（1533—1606年），初名表，后改名黄，字庆远，又字坤仪、仪甫，初号学海，后改了凡，后人常以其号"了凡"称之，浙江省嘉兴府嘉善县人。晚年辞官后曾隐居吴江，故一作吴江人，明代思想家。袁黄青少年时聪颖敏悟，卓有异才，曾受教于云谷禅师，对天文、术数、水利、军政、医药等无不研究。

译文

《尚书》说："天道难信，人的命运是不确定的。"又说："天命无常，修德为要。"这些都不是古人欺骗人的话。我因此相信"所有幸福都是自己可以求得的"这句话。这是圣贤的言论。如果说，祸福是天所掌握，是天所注定的，这就是世俗浅识之人的言论了。

你的命运前途，现在不得而知，但不论命运如何，一定要做到：

即使命里应该荣耀显达，也要常作冷落寂寞想；即使时运亨通顺利，也要常作逆境想；即使眼前衣食丰足，也要常作贫穷想；即使别人对我敬爱，也要常作谦和不骄傲想；即使门第高名望重，也要常作卑下低微想；即使学问很优良，也要常作浅陋想。

从远一点来说，要发扬祖先的遗德；从近一点来说，要弥补父母的过失。对上要报答国家的恩惠，对下要创造家庭的幸福。对外要救济别人的急难，对内要克制自己的私心杂念。

天天检查自己的不是，改过自新。倘使一天没有认识到自己的缺点和错误，就是一天安于现状；一天无过可改，就是一天没有进步。天下聪明俊秀的人不少，他们为什么德不加修、业不加广？只是因为"因循"二字耽误了一生。

云谷禅师所传授的立命学说，是最精微、最深远、最真实、最合乎法度的道理，务必熟读而努力实行，不要贻误了自己！

读与思

所谓"立命"，就是我要主导命运，而不能让命运来束缚我。立命之学，就是讨论立命的学问，讲解立命的道理。袁黄将自己所经历、所见到的改造命运的事例，告诉他的儿子袁天启，要儿子不被命运所束缚，竭力行善。只要"断恶修善"，就一定会"灾消福来"，一定会改变自己的命运。

袁黄：改过之法

春秋诸大夫，见人言动，亿而谈其祸福，靡不验者，《左》《国》诸记可观也。大都吉凶之兆，萌乎心而动乎四体，其过于厚者常获福，过于薄者常近祸，俗眼多翳（yì），谓有未定而不可测者。至诚合天，福之将至，观其善而必先知之矣；祸之将至，观其不善而必先知之矣。今欲获福而远祸，未论行善，先须改过。

但改过者，第一，要发耻心。思古之圣贤，与我同为丈夫，彼何以百世可师？我何以一身瓦裂？耽染尘情，私行不义，谓人不知，傲然无愧，将日沦于禽兽而不自知矣；世之可羞可耻者，莫大乎此。孟子曰：耻之于人大矣。以其得之则圣贤，失之则禽兽耳。此改过之要机也。

第二，要发畏心。天地在上，鬼神难欺，吾虽过在隐微，而天地鬼神，实鉴临之，重则降之百殃，轻则损其现福，吾何可以不惧？不惟是也。闲居之地，指视昭然。吾虽掩之甚密，文之甚巧，而肺肝早露，终难自欺。被人觑破，不值一文矣，乌得不懔懔？不惟是也。一息尚存，弥天之恶，犹可悔改。古人有一生作恶，临死悔悟，发一善念，遂得善终者。谓一念猛励，足以涤百年之恶也。譬如千年幽谷，一灯才照，则千年之暗俱除。故过不论久近，惟以改为贵。但尘世无常，肉身易殒，一息不属，欲改无由矣。明则千百年担负恶名，虽孝子慈孙，不能洗涤。幽则千百劫沉沦狱报，虽圣贤佛菩萨，不能援引。乌得不畏？

第三，须发勇心。人不改过，多是因循退缩。吾须奋然振作，不用迟疑，不烦等待。小者如芒刺在肉，速与抉剔；大者如毒蛇啮指，速与斩除，无丝毫凝滞，此风雷之所以为益也。

具是三心，则有过斯改，如春冰遇日，何患不消乎？然人之过，有从事上改者，有从理上改者，有从心上改者；工夫不同，效验亦异。

——袁黄：《了凡四训·改过之法》

家训由来

本文出自袁黄所作的《了凡四训·改过之法》。袁黄是"功过格"的积极实践者，提倡以记"功过格"的方法，"隐恶扬善""迁善改过"，规范自己的行为，进行道德自律，达到提升自我修养、完善人生的目的。袁黄作为"功过格"的提倡者和身体力行者，强调个人改变命运的力量，用积德行善的方式提升社会地位，对后世道德伦理思想的变迁产生了广泛而深远的影响。

译文

春秋时期有些官员听到别人的话语、见到别人的行为，就能凭着自己的推测，来评论这个人未来的祸福遭遇，并且往往很准确。从《左传》《战国策》等书里可以看到这样的记载。大抵吉凶的预兆萌芽在心里，但常常显露于四体。行为敦厚的往往得福，过于刻薄的往往遭祸。但一般世俗人们多被妄念遮障。他们说，人生的祸福是不确定的，是测度不准的。要知道，当幸福快要到来，只需观察他的善行就可预知；灾祸将要来临，观察他所做的不善事，也可以预卜。现在，我们想要得福而远祸，暂且不论行善，先须决心改过。

想要改正过错，第一要有羞耻心。应思考从前的圣贤们，他们为什么百世可师，而我为什么像瓦块一样很快破裂？这是因为我沾染着尘劳情欲，在私下做了坏事，还认为别人不知道，竟然没有一点惭愧之心。这样下去，必将沦落为禽兽，而自己还不知道呢。世间可羞可耻的事没有比这更大的了！孟子说："羞耻这一问题，对于人们是最重要的了。"因为知耻则勇于改过，德业日新，成为圣贤；无耻则肆意妄为，人格消失，成为禽兽。因此，改过是得福远祸的最切要的一着。

第二要有畏惧心。天地在上，鬼神难欺。我的过恶虽在隐微之间，但是天地鬼神已经看见了、知道了。重则降之百殃，轻则损失后福。我怎么可以不惧怕呢？不仅是这样，任凭我们居住在什么地方，别人总是看得很清楚的。我虽遮盖得很严密，伪装得很巧妙，但是肺肝早已露出，到底难以隐瞒。一旦被人看破，我的人格真就不值一文了，怎么能不凛然惧怕呢？况且还不止如此。只要我们留有一口气，还活着，滔天的罪恶还是可以忏悔改过的。从前有人一生作恶，到了临死的时候，方才悔悟，发了一念善心，就能安详地善终。这是一念猛励，足以洗涤百年之恶。譬如千年黑暗的幽谷里，拿灯来一照，那千年的黑暗，立刻就消除了。所以过错不论远近，只是以改为贵。但是世间的一切事物，都是无常的，我们这个身体是容易死亡的，等到呼吸停止了，再想改过，就没有机会了。明的报应是，承担千百年的恶名。虽然有孝顺的儿子、可爱的孙子，也不能替你洗清恶名。暗的报应是，经受千百劫的地狱沉沦之苦。虽然碰到圣人、贤人、佛祖、菩萨，也无法救助你、接引你脱离苦海。怎么能不让人害怕呢？

第三要有勇猛心。人们习惯于因循退缩，得过且过。我们必须奋发有为，振作起来，不要踌躇、疑惑，不要等待、拖延。小的过失，犹如芒刺在身，要迅速把它拔除。大的恶行，就像毒蛇咬住了手指，要迅速把手指斩除，以免毒素扩散。这是丝毫缓慢不得的！《周易》上说："风雷益。"就是说，雷厉风行，直接痛快地去干，是容易得到效益的。

如能具备以上这三种心态，那么，有过错就可以立即改掉了。譬如春天的冰遇到了太阳，是没有消融不了的。实践改过的功夫，有从具体事情上改正的，有从道理上改正的，更有从起心动念处改正的。功夫既然不同，效用也就有别。

读与思

"功过格"是一种道德自律的工具，就是把每日所做之事，按善恶增减记数，颇具中华文明特色。"功过格"的出现，标志着人们认识到可用自己的手改变自己的命运、改变吉凶，这是国人精神生活中划时代的成果。

人非圣贤，孰能无过？关键是能认识到错误，坚决改正错误。改正错误要注意三点，一要有羞耻心，知错不改是奇耻大辱；二要有畏惧心，有错不改愧对天地良心；三要有勇猛心，改正错误要坚决果断，不能拖拖拉拉，迁延时日。

袁黄：积善之方

随缘济众，其类至繁，约言其纲，大约有十：第一，与人为善；第二，爱敬存心；第三，成人之美；第四，劝人为善；第五，救人危急；第六，兴建大利；第七，舍财作福；第八，护持正法；第九，敬重尊长；第十，爱惜物命。

……

善行无穷，不能殚述。由此十事而推广之，则万德可备矣。

——袁黄：《了凡四训·积善之方》

家训由来

本文出自袁黄所作的《了凡四训·积善之方》。袁黄的《了凡四训》融会道教哲学与儒家理学，劝人积善改过，强调从治心入手提升自我修养。袁黄认为，人要懂得改变自己的命运，而改变命运要懂得使用正确的方法。

译文

根据缘分救济众人的种类很多，简单地说，大约有十种：第一，与人为善；第二，爱敬存心；第三，成人之美；第四，劝人为善；第五，救人危急；第六，兴建有利于民的工程；第七，舍财作福；第八，护持正法；第九，敬重尊长；第十，爱惜物命。

……

善事无穷无尽，哪能说得完呢？只要把上边说的十件事推广发扬，那么无数的功德就能圆满了。

读与思

千教万教，教人向善；千学万学，学做善人。《周易》讲道："积善之家必有余庆，积不善之家必有余殃。"袁黄认为，积善、行善的方式概括起来有十个方面：与人为善、爱敬存心、成人之美、劝人为善、救人危急、兴建大利、舍财作福、护持正法、敬重尊长、爱惜物命。立身处世，应当从这十个方面做起，推而广之，道德境界就提高了。

袁黄：谦德之效

《易》曰："天道亏盈而益谦，地道变盈而流谦，鬼神害盈而福谦，人道恶盈而好谦。"是故谦之一卦，六爻皆吉。《书》曰："满招损，谦受益。"予屡同诸公应试，每见寒士将达，必有一段谦光可掬。

……

由此观之，举头三尺，决有神明；趋吉避凶，断然由我。须使我存心制行，毫不得罪于天地鬼神，而虚心屈己，使天地鬼神时时怜我，方有受福之基。彼气盈者，必非远器，纵发亦无受用。稍有识见之士，必不忍自狭其量，而自拒其福也。况谦则受教有地，而取善无穷，尤修业者所必不可少者也。

古语云："有志于功名者，必得功名；有志于富贵者，必得富贵。"人之有志，如树之有根。立定此志，须念念谦虚，尘尘方便，自然感动天地，而造福由我。今之求登科第者，初未尝有真志，不过一时意兴耳；兴到则求，兴阑则止。孟子曰："王之好乐甚，齐其庶几乎？"予于科名亦然。

——袁黄：《了凡四训·谦德之效》

家训由来

本文出自袁黄所作的《了凡四训·谦德之效》。袁黄所作《了凡四训》共分为"立命之学""改过之法""积善之方""谦德之效"四部分，"谦德之效"虽然文章短小，但道理深刻。《了凡四训》是一部流传很广的训诫著作。

译文

《易经》谦卦上说："天之道是折损骄傲自满、增益谦虚的；地之道是扣减骄傲自满、添补谦虚的；鬼神之道是祸害骄傲自满、降福谦虚的；人之道是憎恶骄傲自满、喜爱谦虚的。"所以在《易经》的六十四卦中，只有"谦"这一卦，六爻全都是吉，而其余的各卦里，都是有吉有凶。《尚书》也说："骄傲自满招致损害，谦虚谨慎得到益处。"我屡次同许多人一起赶考应试，每每看到将要考中而发达的读书人，脸上都一定焕发着谦虚的光彩。

......

由此可见，抬头三尺之上，一定有神明；而趋吉避凶，绝对可以由我本人做主。必须使我本人常存善心，约束行为，丝毫不得罪天地鬼神；并且虚心谦卑，使天地鬼神时时爱怜我，这样才有受福的基础。那些骄傲自满的人，必定没有宏大的度量，纵然发达也得不到真实受用。因此稍微有见识的人，一定不会满足于狭小的气量，而拒绝福分的来临。况且谦恭才能受教于他人，兼收并蓄才能多方面地学习他人的长处，这是立志于增进学业的人所不可缺少的。

古人说："有志于功名的人，一定能得到功名；有志于富贵的人，一定能得到富贵。"人之有志，如同树之有根，根深才能枝叶繁茂，硕果累累。立定了志向，就应当时时谦虚，处处与人方便，这样自然会感动天地，而造福由我做主了。现在参加科举考试追求功名的人，一开始就没有真正立志，不过是一时的兴致罢了；兴致来了就追求，兴致消退了就停止。孟子对齐宣王说："大王您如果好乐到了极处，就会与民同乐，因为只有与民同乐，才能够真正地享有快乐；如果您能够与民同乐，则全国上下一心，同德同力，那么齐国很快就会民富国强了！"我对待科第功名也是这样。

读与思

"谦"表示谦虚、俭约，是人类的综合性美德，历来为人们所称道。《易经》中的谦卦，卦象为下艮上坤，上卦为坤为地，下卦为艮为山，为地下有山之象。山本高大，但处于地下，高大显示不出来，人德行很高，但能自觉地不显扬。袁黄四训，专门把"谦德之效"列出，可见对谦德的重视。《尚书》说："满招损，谦受益。"毛泽东说："虚心使人进步，骄傲使人落后。"[1] 讲的都是谦虚对于为人处世的重要意义。

《了凡四训》这部书总体上告诉我们四个方面的道理：我命由我不由天；要成功先改过；默默行善，以身作则，不仅能让人信服，还能

---

[1]　《毛泽东文集》第七卷，人民出版社 1999 年版，第 117 页。

为后世积阴德；谦虚低调，放空自己，虚心接受他人的批评。

温氏母：与朋友交，只取其长，弗计其短

汝与朋友相与，只取其长，弗计其短。如遇刚愎人，须耐他戾气；遇骏逸人，须耐他闇气；遇朴厚人，须耐他滞气；遇佻达人，须耐他浮气。不徒取益无方，亦是全交之法。

……

贫人未能发迹，先求自立。只看几人在坐，偶失物件，必指贫者为盗薮；几人在坐，群然作弄，必指贫者为话柄。人若不能自立，这些光景，受也要你受，不受也要你受。

……

问："世间何者最乐？"母曰："不放债、不欠债的人家；不大丰、不大歉的年时；不奢华、不盗贼的地方。此最难得。免饥寒的贫士，学孝悌的秀才，通文义的商贾，知稼穑的公子，旧面目的宰官，此尤难得也。"

……

堂上有白头，子孙之福。堂上有白头，故旧联络，一也；乡党信服，二也；子孙禀令，僮仆遗规，三也；谈说祖宗故事与郡邑先辈典

型，四也；解和少年暴急，五也；照料琐细，六也。

——温以介：《温氏母训》

家训由来

　　本文出自温以介所作的《温氏母训》。温以介（1585—1645
年），亦名温璜，字于石，号宝忠，浙江乌程（今浙江省湖州市）人。
崇祯年间进士，任徽州府推官，组织兵民守城抗清，兵败自刎。乾隆
四十一年（1776年），旌表前朝死节臣民，赐谥"忠烈"。

译文

　　你与朋友相处，要学习他们的长处，不要计较他们的短处。遇到
刚愎自用的人，需要忍耐他的暴烈之气；遇到风雅俊逸的人，需要忍
耐他的恍惚之气；遇到朴实厚道的人，需要忍耐他的呆滞之气；遇到
轻佻旷达的人，须要忍耐他的轻浮之气。这样做不仅会受益无穷，而
且是保全朋友交情的良方。

　　……

　　穷人在发达之前，首要的是能够在社会上自立。这个道理只要看
一看这样的事情就可以明白。几个人在一起聚会，如果偶然丢失了东
西，必然指责穷人是盗贼；几个人在一起聚集，大家一起开玩笑，必

然把穷人作为谈笑的话柄。一个人如果不能自立自强，受人指责诬陷、受人戏耍捉弄这样的事，你能忍受要忍受，不能忍受也要忍受。

……

曾经问过母亲："人世间什么事情最让人感到快乐？"母亲说："不放债也不欠别人债的人家最快乐。不大丰收也不歉收的年份最快乐。居住在不奢侈繁华也没有盗贼的地方最快乐。这些都是很难得的。能够忍受饥寒不改变志向的读书人，学习孝悌的秀才，知书达理的商贾，了解耕种收获艰难的公子哥儿，不改变本色的官员，更是难得啊。"

……

家里有年纪长的人，是儿孙的福分。第一，有老人在，老亲戚、老朋友会经常联系；第二，被居住在同一个区域的人信服；第三，儿孙听从劝告，仆人遵守规矩；第四，谈论祖先的故事和郡县前辈的典型事迹，以树立榜样；第五，劝诫安抚脾气暴躁的年轻人；第六，考虑到家里琐碎细小的事情，不至于出差错。

读与思

《温氏母训》是明代人温以介记录其母亲日常教育后代的家训。温母早寡，精心抚养儿子长大成人。其对儿子的教诲，内容广泛，涉及做人、治家、妇道等，语言浅显，道理深刻。

　　节选的《温氏母训》讲到四个方面的问题：一是要能与具有各种脾气性格的人交朋友，学习对方的长处，容忍对方的短处；二是要自立自强，否则就会被人看不起，在社会上受委屈，当笑柄；三是要正确对待快乐，耐饥寒，学孝悌，通文义，知稼穑，保持士人的本色；四是家有一老，如有一宝，老年人发挥着重要作用。

徐三重：读书之外，宜令练达

　　世故多端，人情变态，虽圣贤正道自足立身，然不谙事机，则触处有碍。子弟读书之外，宜令练达，庶可以应众酬物，主张门户，但不可习于奸谲，同趋世风，如刁猾，如强梁，如贪诈，如欺公周私，如巧文玩法，则入于狭邪小人之俦矣。

——徐三重：《鸿洲先生家则》

家训由来

　　本文出自徐三重所作的《鸿洲先生家则》。徐三重（1543—1621年），字伯同，号鸿洲，明朝南直隶松江府华亭（今上海市松江区）人，明万历五年（1577年）中进士，授刑部主事。因与首辅张居正议论不合，称病辞官，返回故乡。

徐三重博学多才，是当时江南地区享有盛名的学问家。松江府公认其为地方贤达，因此被列入"云间邦彦"，画像刻石陈列在松江醉白池畔，传颂至今。留有《鸿洲先生家则》《兰芳录》《采芹录》等二十多部著作。

译文

世事变化无常，人情变化多端，虽然根据圣贤的做人之道也可以安身立命，但不懂得事物的机变，往往会处处受到阻碍。因此，家中子弟除读书之外，还应该让他们在处事上熟练通达，这样才可以应酬日常客人，支撑门户，但不可以趋附世风，变得奸猾。如果流于刁顽奸猾、巧取豪夺、贪诈虚伪、欺骗公家、蒙混私人、巧做文章逃避法纪，就进入奸邪小人之列了。

读与思

在《鸿洲先生家则》中，徐三重要求子弟要读书明理，但又不能做书呆子。世界是复杂的，一心只读圣贤书，不足以处世应变，所以，人生在世不但要读有字书，也要读无字书，正像《红楼梦》中所说：

"世事洞明皆学问，人情练达即文章。"但是，熟悉人情世事，不能奸猾欺诈，否则就是奸邪小人了。

徐祯稷：戒四恃，绝六恶

才子弟，制其爱，毋弛其诲，故不以骄败；不肖子弟严其诲，毋薄其爱，故不以怨离。

……

世家子弟，戒四恃，绝六恶。四恃者：财足以豪，势足以逞，门第足以矜，小才足以先人缘。兹四恃，遂生六恶：曰奢、曰淫、曰懒、曰傲、曰刚狠、曰浮薄。

——徐祯稷：《耻言·戒子弟》

家训由来

本文出自徐祯稷所作的《耻言·戒子弟》。徐祯稷（1575—1645年），字叔开，号厚源，松江府华亭人，徐三重之子，明万历二十九年（1601年）进士，经多次升迁，出任四川副使。他在四川为官多年，施政如清风宜人，百姓送其雅号"徐公风"。因朝政腐败，父亲年老，他辞官返乡，过起恬淡的隐居生活。有《耻言》《明善堂诗稿》

等书流传于世。

译文

　　子女有才华，父母应克制爱心，不要放松对子女的教诲，子女才能免于因为骄傲而失败。子女不贤能，父母应该严格教育，同时不要减少爱心，子女才能免于因为怨恨而离心。

　　……

　　富贵人家的子弟要戒四恃，绝六恶。四恃是：财富足可恃以为豪横，权势足可恃以为逞志，门第高足可恃以为夸耀，小有才能足可恃以为强于他人。由这四恃又产生出六恶，就是：奢侈、淫逸、懒惰、骄傲、刚狠、浅薄。

读与思

　　这篇家训讲到因材施教的问题。对待子女要根据不同的情况，进行宽严程度不同的教育，避免由于父母的溺爱或苛责引起不良后果。徐祯稷还认识到，条件较好的家庭要注意教育孩子克服六种缺点：奢侈、淫逸、懒惰、骄傲、刚狠、浅薄。

吕坤：天理先放在头直上

存阴骘（zhì）心，干公道事，做老成人，说实在话，天理先放在头直上。

处人只要个谦逊，居家只要个和平，教子只要个学好，吃穿只要个饱暖，房舍家火只要个坚牢，有冠婚丧祭只要个合礼。

才开口便想这话中说不中说，才动身便想这事该做不该做，才接人便想这人可交不可交，才见利便想这物该取不该取，才动怒便想这气该忍不该忍。

处身要俭，与人要丰，见善就行，有过便认，尤可戒者，奢侈一节。令人劳作无益只图看相强。似费了财帛夸俗人眼目，不如那些钱粮救了穷汉性命。锦上添花何用？彼冬无破絮者皆天地生灵；案前积肉何为？彼日无饱糠者皆同胞赤子。看那悭吝攒钱之人，生骄奢破家之子，天道甚明。愚夫不悟，尔曹切记吾言。

——吕坤：《近溪隐君家训》

家训由来

本文出自吕坤所作的《近溪隐君家训》。吕坤（1536—1618年），字叔简，自号抱独居士，明代归德府宁陵（今河南商丘宁陵县）人，明朝著名儒学家。其父吕得胜，字寿宫，号近溪隐君，有《小儿语》《女小儿语》流传于世。

译文

存有积阴德的心，干公道正派的事情，做老实人，说实在话，把天理良心放在心中最高位置。

为人处世要谦逊，在家生活要和平，教育孩子要让他们学好向善，吃饭穿衣只要吃饱穿暖就可以，居住的房屋、使用的物品只要坚固耐用就可以，婚丧嫁娶的花费只要合礼就可以。

刚要开口说话就想一想这话能说不能说，刚要动身做一件事就想一想这件事该不该做，刚要与人结交就想一想这个朋友可不可交，刚看到利益就想一想这财物该不该获取，刚要发怒就想一想该不该忍下这口气。

自己生活要节俭，给予别人东西要丰盛，见到善事就做，犯了错误就承认、改正，尤其要戒除奢侈。让人辛苦劳动做一些没有益处的工作，只图外表好看，就像花费钱财博取世人的眼球一样，还不如用这些钱粮救济穷人性命。锦上添花有什么用？那些冬天连用来取暖的破棉絮都没有的人也都是天地生灵；案桌前堆积起来的肉食有什么用？那些连用来填饱肚子的米糠都没有的人也都是我们的同胞、上天的赤子。看一看那些只知道积累钱物吝啬守财的人，大多生养出骄奢败家的儿子，就知道天道神明在掌控一切。愚蠢的人不明事理，不知悔悟，你们要牢记我说的话。

读与思

　　1591 年，时任山西按察使的吕坤将其父近溪隐君的家训教导刻制在一块高 2.3 米、宽 0.79 米、厚 0.25 米的石碑上，这就是著名的"近溪隐君家训碑"。石碑至今仍保存完好，存放在山西省太原市迎泽区郝庄永祚寺（俗称双塔寺）中，成为鉴古通今、彰显中华家风家训和廉政文化的重要文物，供人瞻仰，发人深思。

　　《近溪隐君家训》包含为人和处世两方面的道理。先讲为人，后讲处世，用朴素的语言阐明为人处世的准则，体现了家庭教育要求内外兼修、隐显结合、自我管理的原则。这则家训蕴含的倡导节俭的价值观不仅是一个家庭的根脉，更是对中华优秀传统文化的继承和弘扬。

吕坤：耕读传家，勤俭兴家

　　传家两字曰读与耕，兴家两字曰俭与勤，安家两字曰让与忍，防家两字曰盗与奸，亡家两字曰淫与暴。

　　休存猜忌之心，休听离间之语，休作生分之事，休专公共之利。吃紧在各求尽分，切要在潜消未形。

　　子孙不患少，而患不才；产业不患贫，而患喜张；门户不患衰，而患无志；交游不患寡，而患从邪。不肖子孙，眼底无几句诗书，胸中无一段道理，神昏如醉，体懈如痴，意纵如狂，行卑如丐。败祖宗之成业，辱父母之家声。乡党为之羞，妻妾为之泣，岂可入吾祠，葬吾茔乎？

——吕坤：《孝睦房训辞》

家训由来

本文出自吕坤所作的《孝睦房训辞》。吕坤曾任山西按察使、巡抚，陕西右布政使，刑部左、右侍郎等职，刚正不阿，为政清廉，与沈鲤、郭正域被誉为万历年间天下"三大贤"。其主要作品有《实政录》《夜气铭》《招良心诗》《呻吟语》等，内容涉及政治、经济、刑法、军事、水利、教育、音韵、医学等各个方面。

译文

传家的两个要诀是读书和耕种，家庭兴旺的两个要诀是俭朴和勤奋，家庭和睦的两个要诀是谦让和忍耐，防止家庭出现变故的两个要诀是防盗和防奸，家破人亡的两个原因是嫖娼和暴虐。

不要存有猜忌之心，不要听信离间的话语，不要做出远离骨肉的事情，不要独自享受公共利益。最要紧的是各自尽本分，最关键的是在事情发生之前消除隐患。

　　不必忧虑子孙少，而要忧虑他们是否成才；不要忧虑产业贫乏，而要忧虑是否铺张浪费；不要忧虑门户衰微，而要忧虑子孙是否有志气；不必忧虑交游的朋友少，而要忧虑是否结交了邪僻之人。不贤能的子孙，没有读过几篇诗书，也不懂得做人的道理，神志昏乱就像喝醉了酒一样；身体懈怠，就像瘫痪一样；随心所欲，就像狂人一样；行事卑下，就像乞丐一样。不肖子孙使祖宗积累的家业衰败，使父母名声蒙受耻辱。乡邻为他感到羞耻，妻妾为他整日哭泣，这样的人还能入我祠堂，葬我祖坟吗？

读与思

　　吕坤是一位学术与事功并重的政治家，对后世有很大影响，因为"学贯天人，望隆朝野，正谊明道，直接程朱"，成为从祀曲阜文庙的一百五十六名大儒先贤之一，其唯物主义思想载入《中国思想史》。吕坤积三十年心血写成的《呻吟语》，立足儒学，积极用世，关乎治国修身，处事应物，言简意赅，洞彻精微，影响很大，流传很广，被翻译成二十多个国家的文字。

　　节选的这部分训诫，内容广泛，语气严厉，道理深刻。第一段的五句话，紧紧围绕"家"展开，讲到传家、兴家、安家、防家的根本原则和亡家、败家的主要原因，言简意赅，发人深省。第二段讲要杜绝四个方面的错误，"休存猜忌之心，休听离间之语，休作生分之事，休专公共之利"，才能各尽本分，平安无事，消灾免祸。第三段讲对子孙后代的教育事关家族的兴旺发达和生存发展，不可不慎重对待。

杨慎：临利不敢先人，见义不敢后身

临利不敢先人，见义不敢后身，虽无补于事业，要不负乎君亲。遭逢太平，以处安边，歌咏击壤，以终余年。天之顾畀厚矣，笃矣；吾之涯分止矣，足矣。困而亨，冲而盈，宠为辱，平为福者邪。

——杨慎：《自赞》

家训由来

本文出自杨慎所作的《自赞》。杨慎（1488—1559年），字用修，号升庵，四川新都（今成都市新都区）人。杨慎二十三岁时考中状元，成为明代四川的唯一一名状元，成就了"相如赋，太白诗，东坡文，升庵科第"的佳话。杨慎是杰出的学者和诗人，与徐渭、解缙并称为"明代三才子"，后世更是尊其为"明代著述第一"和"明代文化巨人"。

杨慎看不惯明武宗朱厚照整天游玩嬉戏、亲近佞臣，不理朝政，上书指责朱厚照"若轻举妄动，非事而游，则必有意外之悔"，规劝皇帝停止这种荒唐行为。嘉靖三年（1524 年），杨慎被判充军永昌卫（今云南保山市），并落籍永昌，终老于此。

译文

看到利益，不敢走在别人前面；伸张正义，不敢落后于他人。我做的事情可能对帝王事业没什么帮助，但绝对对得起君王。身处太平盛世，虽然经历了波折，却能在边疆云南安身立命，沐浴而咏，击壤而歌，安度晚年。上天对我的眷顾，很大了，很厚了；我的生命到此为止，我也心满意足了。经受困顿而能寿终正寝，一刻不停地涌现却没有塞满宇宙，宠辱都不往心里去，把平安当作最大的幸福。

读与思

杨氏是四川望族、书香门第，自祖父杨春而下，一门四世出了七位进士、四位举人、三位监生、两位贡生，人称"一门七进士，宰相状元家"。

　　谪戍永昌期间，杨慎博览群书，并撰文著述，所填《临江仙》被毛宗岗父子录为《三国演义》开篇之词。词曰："滚滚长江东逝水，浪花淘尽英雄。是非成败转头空，青山依旧在，几度夕阳红。白发渔樵江渚上，惯看秋月春风。一壶浊酒喜相逢，古今多少事，都付笑谈中。"该词与《三国演义》融为一体，浑然天成，为这部古典名著增色良多。杨慎在云南开展讲学活动，传播中原文化，培养了一批云南本地的文人学者，对云南的文化发展作出重大贡献。

　　杨慎临终前，为自己写下一篇《自赞》，总结自己的一生，同时告诫子孙要重义轻利、见义勇为。杨慎临终发出"临利不敢先人，见义不敢后身"的遗训，与《礼记·曲礼上》中所讲"临财毋苟得，临难毋苟免"一样，是中华民族义利观的简明表达。这两句话与范仲淹的名句"先天下之忧而忧，后天下之乐而乐"一样，均代表了中国读书人的人格追求、理想信念，代表了一种昂扬向上的人生观、价值观、义利观。

高攀龙：做得一个人是第一义

　　吾人立身天地间，只思量做得一个人是第一义，余事都没要紧，作人的道理不必多言，只看《小学》便是。依此作去，岂有差失？从古聪明、睿智、圣贤、豪杰，只于此见得透，下手早，所以其人千古万古不可磨灭。闻此言不信，便是凡愚，所宜猛省。

作好人，眼前觉得不便宜，总算来是大便宜。作不好人，眼前觉得便宜，总算来是大不便宜。千古以来，成败昭然。如何迷人尚不觉悟，真是可哀！吾为子孙发此真切诚恳之语，不可草草看过。

——高攀龙：《高子遗书·家训》

家训由来

本文出自高攀龙所作的《高子遗书·家训》。高攀龙（1562—1626年），字存之，又字云从，南直隶无锡（今江苏省无锡市）人，世称"景逸先生"，明朝政治家、思想家，东林党领袖，"东林八君子"之一。高攀龙与左副都御史杨涟等上书弹劾太监魏忠贤的党羽崔呈秀贪污秽行，被革职返乡，后崔呈秀派人往捕，投水自尽。著有《高子遗书》十二卷等。

译文

我们站立在天地之间，思考如何做好一个人是第一要义，其余的事都不如做人重要。做人的道理，不需要多说，只要读读《小学》这本书就知道了。只要依照《小学》说的去做，哪里会出现差错呢？自古聪明智慧的圣贤豪杰对于这一点看得透，下手早，所以他们人品的光辉千秋万代永不磨灭。听到我的话却不相信，就是平庸的鲁莽之徒，对此应该幡然省悟。

做一个好人，或许感到眼前会吃亏，但从长远看，则会得大便宜。而当一个不好的人，或许眼前占了大便宜，但长此以往终会吃大亏。千古以来，那些成功与失败的事例，已昭示得十分清楚。那些糊里糊涂的人，至今还不觉悟，真是可哀！我为子孙写下这些真切诚恳的话语，你们要放在心上，不可草草看过。

读与思

在家训中，高攀龙告诫子孙要按照朱熹《小学》中的规则为人做事。一是做君子，避免成为小人。二是说话要谨慎，交朋友要慎重。三是要宽容、谦让，做事留有余地。正因为高攀龙崇尚正人君子之风，坚持正义，才能做到当国家面临危难时，挺身而出，敢于同宦官及其党羽作斗争；才能在罢官居家之际，听闻朝中奸党派人来捉拿自己，为了保存尊严，而投水自沉。高攀龙以做人行义为原则的家训及其行止，在传统社会树立了言行一致的典范。

以孝悌为做人的根本，以忠义为人生的主宰，以廉洁为做人的首要原则，以诚实为做人的关键。面临纠纷，让人一步，自己也有余地；面对钱财，放宽一分，自己也会感到值得回味。

杨继盛：人须立志，谦下诚实

人须要立志。初时立志为君子，后来多有变为小人的。若初时不先立下一个定志，则中无定向，便无所不为，便为天下之小人，众人皆贱恶你。你发愤立志要做个君子，则不拘做官不做官，人人都敬重你。故我要你第一先立起志气来。

……

与人相处之道，第一要谦下诚实。

同干事，则勿避劳苦。同饮食，则勿贪甘美。同行走，则勿择好路。同睡寝，则勿占床席。宁让人，勿使人让我。宁容人，勿使人容我。宁吃人亏，勿使人吃我亏。宁受人气，勿使人受我气。

人有恩于我，则终身不忘。人有怨于我，则即时丢过。见人之善，则对人称扬不已。闻人之过，则绝口不对人言。人有向你说，某人感你之恩，则云："他有恩于我，我无恩于他。"则感恩者闻之，其感益深。有人向你说，某人恼你谤你，则云："他与我平日最相好，岂有恼我谤我之理？"则恼我谤我者闻之，其怨即解。

人之胜似你，则敬重之，不可有傲忌之心。人之不如你，则谦待之，不可有轻贱之意。又与人相交，久而益密，则行之邦家，可无怨矣。

——杨继盛：《杨忠愍集·给子应尾、应箕书》

家训由来

本文出自杨继盛所作的《杨忠愍集·给子应尾、应箕书》。杨继盛（1516—1555年），字仲芳，号椒山，直隶容城（今河北省容城县）人，明朝中期著名谏臣。

嘉靖三十二年（1553年），杨继盛上疏力劾严嵩"五奸十大罪"，遭诬陷下狱，在狱中备经拷打，坚贞不屈，被誉为"大明第一硬汉"。嘉靖三十四年（1555年）遇害，年仅四十岁。明穆宗即位后，以杨继盛为直谏诸臣之首，追赠太常少卿，谥号"忠愍"，世称"杨忠愍"。后人以其故宅改庙以奉，尊为城隍。

译文

人一定要立定志向。开始的时候立志要做君子的人，后来也有很多变成小人的。如果开始的时候不先立下一个确定的志向，心里就没有确定的方向，就会失了约束无所不做，就会成为天下的小人，大家都会鄙夷你、厌恶你。你要发愤立志，成为一个真正的君子，这样不论是做官还是不做官，人人都会尊重你。所以我要求你首先要树立起志气来。

……

与他人相处的道理，头一条就是要谦恭礼让、以诚相待。

同他人一起做事，不要逃避辛苦的工作；同他人一起吃饭，不要争抢美味的食物；同他人一起走路，不要紧着自己走平坦的道路；同他人一起睡觉，不要独占床铺。宁可让着他人，不要让他人让着自己。宁可宽容他人，不要让他人宽容自己。宁可在他人那里吃点亏，不要让他人吃自己的亏。宁可在他人那里受点气，不要让他人受自己的气。

他人对自己有恩惠，一辈子不要忘记。他人对自己有可怨愤之事，过去就应该很快忘掉。见到他人的好处，要对他称赞颂扬。见到他人的过错，要闭口不对他人讲。有人告诉你，某人感激你的恩惠，你就说："是那个人对我有恩惠，而不是我对他有恩惠。"这样感激你的人听说了，会更加感激。有人告诉你，某人生你的气、说你的坏话，你就说："他和我一向交好，怎么会生我的气、说我的坏话呢？"这样生你气、说你坏话的人听说了，就会消解心中的怨愤。

他人的才干胜过你，就要敬重他，不可有傲慢嫉妒之心。他人的才干不如你，就要谦虚以待，不可有轻视他的意思。另外，如果在与人交往的过程中能够做到时间越长越发亲密，那么推而广之，于国于家也就能做到与人无争了。

———— 读与思 ————

杨继盛拼死劾奸、大忠大义、铁骨铮铮，令人景仰。在家庭中，这条硬汉对妻妾、儿女却满怀柔情，不厌其烦，耐心开导。在这封书信中，他教育孩子第一要立志，立志做一个正人君子；第二要谦卑诚实。最令人感动的是，正值壮年的杨继盛却像一位八旬老翁一样，交代孩子在什么情况下说什么话，以免与人结下仇怨。

庞尚鹏：宁人负我，无我负人

处宗族、乡党、亲友，须言顺而气和。非意相干，可以理遣；人有不及，可以情恕。若子弟僮仆与人相忤，皆当反躬自责，宁人负我，无我负人。彼悻悻然怒发冲冠，讦短以求胜，是速祸也。若果横逆难堪，当思古人所遭，更有甚于此者。惟能持雅量而优容之，自足以潜消其狂暴之气。

——庞尚鹏：《庞氏家训》

家训由来

本文出自庞尚鹏所作的《庞氏家训》。庞尚鹏（1524—1580年），字少南，广东南海（今广东省佛山市南海区）人，明朝官员。嘉靖三十二年（1553年）进士，官至福建巡抚、右佥都御史，清廉自洁，以推行一条鞭法和清理整顿两淮盐法而闻名。后罢官回乡，谥"惠敏"。著有《庞氏家训》。

译文

与宗族、乡党、亲友相处，必须说话和气。别人不怀好意的冒犯，可以以理斥退；别人做得有不周到的地方，可以以情宽恕。如果家中子弟和仆人同别人发生争执，都应该反躬自省，宁可别人辜负我，我绝不辜负别人。对方心有不平怒发冲冠时，庇护自己的短处，以求取胜，是加速祸患的到来。如若真的遇到横暴相逼，难以忍受，则应该想一想古人的遭遇还有比我更严重的。唯有宽宏大量，以礼相待，才可以慢慢地消除对方的狂暴之气。

读与思

《庞氏家训》内容包括"务本业""考岁用""遵礼度""禁奢

靡""严约束""崇厚德""慎典守""端好尚""训蒙歌"及"女诫"等章，涉及士农工商各业、冠婚丧祭四礼、日常生活及待人接物等，内容广泛。

本文节选的这部分家训，讲的是处理宗族、乡党、亲友关系的原则，那就是"宁人负我，无我负人"。这则家训体现了我国乡土文明的价值要求，是基于儒家伦理精神形成的行为准则和规范。在处理社会关系的时候，要甘于吃亏，涵养容人的雅量，这样才可以和睦乡里，减少祸患。

王夫之：传家一卷书，惟在尔立志

忘却人间事，始识书中字。识得书中字，自会人间事。

俗气如糨糊，封令心窍闭。俗气如岚疟，寒往热又至。

俗气如炎蒸，而往依坑厕。俗气如游蜂，痴迷投窗纸。

堂堂大丈夫，与古人何异。万里任翱翔，何肯缚双翅？

盐米及鸡豚，琐屑计微利。市贾及村氓，与之争客气。

以我千金躯，轻入茶酒肆。汗流浃衣裙，拏三而道四。

既为儒者流，非胥亦非隶。高谈问讼狱，开口即赋税。

议论官贪廉，张唇任讥刺。拙者任吾欺，贤者还生忌。

摩肩观戏场，结友礼庙寺。半截织锦袜，几领厚棉絮。

更仆数不穷，总是孽风吹。吾家自维扬，来此十三世。

虽有文武殊，所向惟廉耻。不随浊水流，宗支幸不坠。

传家一卷书，惟在尔立志。凤飞九千仞，燕雀独相视。

不饮酸臭浆，闲看傍人醉。识字识得真，俗气自远避。

人字两撇捺，原与禽字异。潇洒不沾泥，便与天无二。

汝年正英少，高远何难企。医俗无别方，惟有读书是。

——王夫之：《示侄孙生蕃》

家训由来

本文出自王夫之所作的《示侄孙生蕃》。王夫之（1619—1692年），字而农，号姜斋，又号夕堂，湖广衡阳（今湖南省衡阳市）人。青年时期，王夫之积极参加反清起义，晚年隐居于石船山，著书立说，自署船山病叟、南岳遗民，学者遂称之为"船山先生"。他一生以明朝遗民自居，终身不剃发。王夫之精于经学、史学和文学，著述颇丰，见解深刻，总结和发展了中国传统的朴素唯物主义，批判了程朱理学的唯心主义，是中国启蒙主义思想的先导之一。他与顾炎武、黄宗羲并称明清之际三大思想家。

忘却人间俗事，才算开始理解书中字的含义。理解书中字的含义，就会应对人间的一切俗事。

俗气像糨糊，可以把人的心窍封闭起来。俗气像疟疾，寒热无常，令人痛苦不堪。

俗气像暑天受到炎热的熏蒸，茅厕也成了可以躲避的地方。俗气像飞来飞去的蜜蜂，受到迷惑投向窗户。

堂堂正正的大丈夫，与古代贤人没有什么不同。鹏程万里任我翔翔，怎能让俗气束缚了双翅？

整天与柴米油盐、鸡鸭猪狗打交道，计较点滴微利。整天与行商坐贾、乡野之民打躬作揖，应酬客套。

以我高贵的身躯，轻易地进入茶楼酒肆。汗流浃背湿了衣衫，说三道四招惹是非。

既然是读书的儒者，就不能等同于胥吏衙役。高声谈论打官司，开口就讲收赋税。

议论官员的贪腐清廉，口无遮拦随意讥讽。欺负笨拙的，让贤者憎恶。

肩并着肩出入戏院，呼朋唤友游逛寺庙。故意显露半截锦袜，炫耀家里的厚棉被。

又说家里仆人数不清，这些都是作孽事。我们家族从扬州迁徙而来，已经十三代。

虽然习文练武各有不同，"廉耻"二字铭记在心。绝不随波逐流，才使宗族香火不至于中断。

靠的是读书，立志做圣贤。凤凰高飞九千仞，燕雀相视在草间。

不喝酒，酒是酸臭的浆汁。旁观者，睁眼看那喝醉的人。读书识字走正道，俗气自然远离我。

人字一撇又一捺，顶天立地在乾坤。禽兽难改其本性，怎能与人论长短？潇洒自如不拘泥，与天与地成三才。

你们现在正年少，建功立业有何难？去掉俗气有办法，努力读书是正途。

读与思

王夫之七十一岁时，清廷官员来拜访他，想赠送些吃穿用品。王夫之虽在病中，但认为自己是明朝遗臣，拒不接见清廷官员，也不接受礼物，并写了一副对联，以表自己的情操："清风有意难留我，明月无心自照人。"

《示侄孙生蕃》用诗的形式，告诫侄孙生蕃，也是告诫子孙后代，要立志脱俗。这是因为，立志脱俗是"人"与"禽"的本质区别。不沾染世俗的污泥浊水，才能脱俗，才能达到人的最高境界。

左英纶：大丈夫须"五硬"

丈夫遇权门须脚硬，在谏垣须口硬，入史局须手硬，拒贿赂赃钱须心硬，浸润之谮须耳硬。

——左英纶：《示儿》

家训由来

本文出自左英纶所作的《示儿》。左英纶，生平不详，明朝官员，历任知县、知府，虽宦海沉浮多年，但清正廉洁，自律甚严，居官有节，官声极佳，几次调迁，百姓均用万民伞相送。

译文

大丈夫在权贵面前要堂堂正正，挺直腰杆，做到"脚硬"；任谏官要公正无私，敢于直言，做到"口硬"；做史官要尊重历史，秉笔直书，做到"手硬"；拒受贿赂赃款要心如磐石，旗帜鲜明，做到"心硬"；遇别人向自己进谗言搞诽谤要有主见，做到"耳硬"。

读与思

施耐庵在《水浒传》中有一句话："人无刚骨，安身不牢。"这句话的意思是一个人如果没有坚强的意志，就难以立身行事。艺术大师徐悲鸿曾说："人不可有傲气，但不可无傲骨。"傲骨者，脊梁也。一个人有了精神脊梁，才能挺直腰杆做人。

读左英纶提出的"五硬"家训，犹如面前站着一位铮铮铁骨的英雄好汉，凛然不可侵犯。左英纶为官美名远扬，青史留痕，全靠"刚骨""傲骨"和"五硬"心得。所以，他特意拿此来教育儿女，语重心长，即使今天读来，仍正气凛然，荡气回肠，对于端正官风，整肃吏治，不无借鉴。

吴麟徵：碌碌度日，少年易过，岂不可惜

进学莫如谦，立事莫如豫，持己莫若恒，大用莫若畜。

毋为财货迷，毋为妻子蛊。毋令长者疑，毋使父母怒。争目前之事，则忘远大之图；深儿女之怀，便短英雄之气。多读书则气清，气清则神正，神正则吉祥出焉，自天佑之；读书少则身暇，身暇则邪间，邪间则过恶作焉，忧患及之。通三才之谓儒，常愧顶天立地；备百行

中华经典家训

而为士，何容恕己责人。知有己不知有人，闻人过不闻己过，此祸本也。故自私之念萌则铲之，谗谀之徒至则却之。

邓禹十三杖策干光武，孙策十四为英雄。所忌行步，殆不能前。

汝辈碌碌事章句，尚不及乡里小儿。人之度量相越，岂止什伯而已乎？师友当以老成庄重、实心用功为良，若浮薄好动之徒，无益有损，断断不宜交也。

方今多事，举业之外，更当进所学。碌碌度日，少年易过，岂不可惜？

——吴麟徵：《家诫要言》

家训由来

本文出自吴麟徵所作的《家诫要言》。吴麟徵（1593—1644年）字圣生，一字末皇，号磊斋，浙江省海盐县人。天启二年（1622年）进士，累官太常少卿。李自成起义军攻京师，吴麟徵守西直门，城陷，自刭而死。后来，南明弘光朝廷谥其"忠节"。著有《家诫要言》《吴忠节公遗集》。

译文

增进学业最重要的是谦虚，做成一件事最重要的是准备充分，修

254

身养性最重要的是持之以恒，应对需要较大花费的事项最重要的是有积蓄。

不要被财货迷惑，不要被妻子儿女不正确的话语惑乱。不要让长辈怀疑，不要让父母怨怒。如果斤斤计较于眼前的琐事，就会忘了远大目标；儿女之情太重，就会缺少英雄气概。多读书就气清，气清就神正，神正就出现吉祥的事了，上天保佑着；读书少空余时间就多，空余时间多邪气就进来了，邪气进来就会作恶，忧患也就来了。通晓天地人的人叫儒，儒者常常思虑如何无愧于顶天立地的人的称呼；具备各种善行的就能做士，士人怎么能宽恕自己责备别人呢？只知道有自己不知道有别人，只看到别人的过错而看不到自己的过错，这是闯祸的根本。所以自私的念头刚要萌生就铲除它，谗谀的人刚出现就赶走他。

邓禹十三岁就手执马鞭跟随光武帝打天下，孙策十四岁就成为英雄。所要戒除的是行动迟缓，甚至止步不前。

你们这一辈的人碌碌无为，只知道学习儒家的片言只语，还不如乡间的黄口小儿。人的度量相差甚远，岂止是千百倍？拜老师、交朋友应当以老成持重、实心用功的为好，如果结交那些轻薄好动的人，不但无益反而有害，坚决不能结交这样的朋友。

现在是多事之秋，参加科举考试之外，还应当增进学业。碌碌无为，消磨时间，青少年时期的大好时光很快就会过去，难道不可惜吗？

—— 读与思 ——

《家诫要言》是吴麟徵教导后辈的警言合集，教育后代要明白立身处世之道，治家应当节俭，待下人要谦和，与众人相处要随和，通晓世事不迂腐；立身的关键在人品；"多读书则气清，气清则神正，神正则吉祥出焉"。这部著作被历代奉为蒙学经典，传播较广。

陆世仪：视小如大与视大如小

凡处事，须视小如大，亦须视大如小。视小如大，见小心，视大如小，见作用。昔人所谓胆欲大而心欲小，正此之谓也。或谓与倾险人处甚有害。曰："甚有益。"或问故，曰："正使人言语动作，一毫轻易不得。岂惟过失可少，于敬字工夫上，亦甚增益。"

——陆世仪：《思辨录》

家训由来

本文出自陆世仪所作的《思辨录》。陆世仪（1611—1672年），字道威，号刚斋，晚号桴亭，别署眉史氏，江苏太仓人，明末清初理学家、文学家，被誉为江南大儒。明亡，隐居讲学。他一生为学不立门户，志存经世，博及天文、地理、河渠、兵法、封建、井田等。其理学以经世为特色，这既是对晚明理学空疏学风的批判，也适应明清之际社会变革的需要。著有《思辨录》等。

译文

凡处理事务，应当把小事当作大事来对待，也应当把大事当作小事来对待。把小事当作大事，可以使自己谨慎；把大事当作小事，可以显示自己的能力。古人说，胆子越大心越细，就是这个道理。有人说，与心术不正的人相处，害处很大。我则说："很有益处。"要问其中的道理，我说："与小人交往，可以使自己说话、做事，一丝一毫不能大意。这样，不仅可以使人减少过失，而且在强化恭敬笃行的修养方面，也是大有益处的。"

读与思

陆世仪赞同朱熹的"居敬穷理"学说，认为"居敬穷理"是学者学圣人第一功夫，彻上彻下彻首彻尾，总只此四字。他反对空谈，认为"高谈性命，无补于世"，批评了当时的虚夸学风、虚矫之气。所选部分内容认为，与心术不正的小人交往也有益处，一是可以让自己谨慎，一言一行马虎不得；二是可以督促自己在"敬"字上下功夫，提升思想境界。

姚舜牧：坚定自若，光明正大

盘根错节，可以验我之才；波流风靡，可以验我之操；艰难险阻，可以验我之思；震撼折冲，可以验我之力；含垢忍辱，可以验我之量。

学者心之白日也，不知好学，即好仁、好知、好信、好直、好勇、好刚，亦皆有蔽也，况于他好乎？做到老，学到老，此心自光明正大，过人远矣。世间极占地位的是读书一著，然读书占地位，在人品上，不在势位上。

事到面前，须先论个是非，随论个利害，知是非则不屑妄为，知利害则不敢妄为，行无不得矣。窃怪不审此而自陷于危亡者。

决不可存苟且心，决不可做偷薄事，决不可学轻狂态，决不可做怠懒人。当至忙促时，要越加检点；当至急迫时，要越加饬守；当至快意时，要越加谨慎。

——姚舜牧：《药言》

家训由来

　　本文出自姚舜牧所作的《药言》。姚舜牧（约 1543 —1622 年），字虞佐，浙江乌程（今浙江省湖州市）人，明朝学者，著有《乐陶吟草》《五经四书疑问》《孝经疑问》等。《药言》是姚舜牧创作的家训作品，亦名《姚氏家训》。

译文

　　遇到错综复杂、繁难无绪的事情，可以检验我的才能；遇到众人都趋之若鹜、风行一时的事情，可以检验我的操守；遇到艰难险阻，可以检验我的思考能力；遇到打击和挫折，可以检验我的毅力；遇到毁谤和侮辱，可以检验我的度量。

　　学习好比是人心中的太阳，可以使人心里亮堂，如果不勤奋学习，那么即使喜好仁德，喜好智慧，喜好诚信，喜好正直，喜好勇敢，喜好刚强，也都存在缺憾，更何况有其他爱好呢？活到老，学到老，心中自然会光明正大，远远超过他人。世上最高贵的事就是读书学习，不过这里所说的高贵，是指人品方面，而不是指世俗的权势官位。

　　事情来临，一定要先判断其是正确还是错误，然后再权衡其中的利害关系。知道是非曲直则不屑于胡作非为，知道其中利害关系则不敢胡作非为，这样行事就没有不成功的。我私下为那些不明白这一点而导致败亡的人感到悲哀。

为人处世绝不能抱有侥幸心理，绝不能做投机取巧的事情，绝不能效仿轻浮狂妄的神态，绝不能做一个懒惰颓废的人。在最忙碌的时候，特别要注意检点自己的言行；在最紧急迫切的时候，特别要注意一丝不苟，从容不迫；在春风得意的时候，特别要注意谨慎行事，以免乐极生悲。

读与思

《药言》以理学为根本，出版之后影响较大，一再被翻刻。这部家训涉及面广，对人际交往、理家修身、个人生活等方面有一定的指导意义。

《药言》教育子弟，宣扬儒家思想从小处着手，重视对日常生活、世俗人情经验的总结，朴素、平易、实用。所选部分内容，每句话都如药石一般直指人心，使人惊出一身冷汗，痛改前非，归于正途。

顾炎武：天下兴亡，匹夫有责

有亡国，有亡天下。亡国与亡天下奚辨？曰：易姓改号谓之亡国；仁义充塞，而至于率兽食人，人之相食，谓之亡天下。魏晋人之清谈，何以亡天下？是孟子所谓杨、墨之言，至于使天下无父无君，而入于禽兽者也。

……

是故知保天下，然后知保其国。保国者，其君其臣，肉食者谋之；保天下者，匹夫之贱，与有责焉耳矣。

——顾炎武：《日知录·正始》

家训由来

本文出自顾炎武所作的《日知录·正始》。顾炎武（1613—1682年），江苏昆山人，本名绛，字忠清，后因仰慕文天祥的学生王炎午的为人，改名炎武，字宁人。因故居旁有亭林湖，学者尊其为"亭林先生"。

顾炎武是杰出的思想家、经学家、史地学家和音韵学家，与黄宗羲、王夫之并称为"明末清初三大儒"。顾炎武作为一代大儒，以"明学术，正人心，拨乱世，以兴太平之事"为治学宗旨，其"明道救世"的经世思想对后世影响巨大。著有《日知录》《天下郡国利病书》《音学五书》《顾亭林诗文集》等。

自古以来，有亡国的事，有亡天下的事。如何辨别亡国和亡天下呢？那就是：易姓改号叫作亡国；仁义的道路被阻塞，以至于统治者驱使禽兽去吃人，人与人之间互相残食，这叫作亡天下。那么，魏晋时期的人们为何会因清谈而亡天下呢？这是因为他们的言论，就像孟子所说的杨朱、墨翟的言论一样，使天下人变得无父无君，最终退化到与禽兽无异的地步。

......

首先要知道保天下，然后才知道保国家。保国家，是国君、大臣和其他掌握权力的人所要考虑的；保天下，即使是普通百姓也有责任。

读与思

顾炎武提出"保天下者，匹夫之贱，与有责焉耳矣"，后来被梁启超精炼为"天下兴亡，匹夫有责"八个字。保护一个国家政治系统不致被倾覆，是帝王将相和文武大臣的职责；而天下苍生、民族文化的兴盛、灭亡，关乎所有人的利益，因此，每一个老百姓都有义不容辞的责任。

顾炎武这种关怀民生、传承文化，以天下为己任的思想不仅影响了顾氏后裔，更砥砺了无数国人，成为我国伟大民族精神的重要体现。

第七章

清代
经典家训

清朝（1644—1911 年），是我国历史上最后一个封建王朝，从 1644 年清兵入关算起，到建立全国性政权，延续 267 年。康熙时期完成全国统一，康雍乾三朝走向鼎盛，鸦片战争后多次遭列强入侵，进行了洋务运动和戊戌变法等近代化的探索和改革。1911 年 10 月 10 日，武昌起义爆发。1912 年 2 月 12 日，清帝溥仪颁布了退位诏书，清朝灭亡。这一时期，统一的多民族国家得到巩固和发展，中央集权的政治统治和统一的多民族国家的行政管理制度渐趋完备，现代思潮传入中国，"中体西用"观念流传较广。

　　清代家训数量众多，形式多样，呈现繁荣景象。其中《朱柏庐治家格言》，即《朱子家训》成为当时甚至现在都家喻户晓的家训经典。清代后期，洋务派代表人物在家训中吸收了许多当代因素，曾国藩的家书流传至今，具有很强的影响力。

康熙：敬以自持，敬以应事

凡天下事不可轻忽，虽至微至易者，皆当以慎重处之。慎重者，敬也。当无事时，敬以自持；而有事时，即敬以应事。务必谨终如始，慎修思永，习而安焉，自无废事。盖敬以存心，则心体湛然居中，即如主人在家，自能整饬家务。此古人所谓"敬以直内"也。《礼记》篇首以"毋不敬"冠之，圣人一言，至理备焉。

——康熙：《庭训格言》

家训由来

本文出自康熙所作的《庭训格言》。康熙，即爱新觉罗·玄烨（1654—1722 年），清圣祖，清朝第四位皇帝，清朝入关以后的第二位皇帝，1661—1722 年在位，年号"康熙"。康熙重视家教。其四子雍正将康熙在世时对诸皇子的训诫编为《庭训格言》。全书共二百四十六条，包括读书、修身、为政、待人、敬老、尽孝等内容。

译文

对于天下发生的任何事情，都不能忽视、掉以轻心，即便是最小最容易的事情，也应当采取慎重的态度。慎重，就是所谓的"敬"。在没有事的时候，用"敬"来约束自己的操行；在有事的时候，用"敬"心去应付一切。做任何事情，都一定要始终如一，谨慎小心，并养成一种良好的习惯，才不会有什么过失、错误。所以说，一个人心中有了"敬"意，他的身心就会处在一种厚重、澄清的状态之中。把"敬"放在心上，就如同主人在家，自然能够处理好家务，这就是古人所说的"敬"能够使一个人的内心变得正直的含义。《礼记》一开篇就以"毋不敬"开头，圣人的这句话，真是至理名言啊。

读与思

康熙皇帝论述了"敬"的含义，指出对天下之事，哪怕是"至微至易"者，都应当慎重持敬，不能掉以轻心。这与他一贯所提倡的"居安思危""有备无患"的思想是一致的。另外，"敬"也是修身养性的一项重要内容。恭慎地对待人与事，就能使内心变得正直；敬重他人，就能处理好纷纭复杂的人际关系，做起事来才能游刃有余。

孙奇逢：言语忌说尽，聪明忌露尽，好事忌占尽

学问须验之人伦事物之间，出入食息之际，试思尔等此番，何为而来，能无愧于所来之意，便是学问实际。诗文经史，皆于此中著落；身心性命，皆由此中发皇。省得此理，随时随处，皆有天则，便无虚过之日。

……

与人相与，须有以我容人之意，不求为人所容。颜子犯而不校，孟子三自反，此心翕聚处，不肯少动，方是真能有容。一言不如意，一事少拂心，即以声色相加，此匹夫而未尝读书者也。韩信受辱胯下，张良纳履桥端，此是英雄人以忍辱济事。学人当进此一步。

……

风波之来，固自不幸，然要先论有愧无愧。如果无愧，何难坦衷当之。此等世界，骨脆胆薄，一日立脚不得。做好男子，须经磨炼。生于忧患，死于安乐，千古不易之理也。孟浪不可，一味愁闷，何济于事？患难有患难之道，自得二字，正在此时理会。

……

言语忌说尽，聪明忌露尽，好事忌占尽。不独奇福难享，造物恶

盈，即此三事不留余，人便侧目矣。

——孙奇逢：《孝友堂家训》

家训由来

本文出自孙奇逢所作的《孝友堂家训》。孙奇逢（1584—1675年），直隶容城（今河北省保定市容城县）人，字启泰，号钟元，明末清初理学大家，与李颙、黄宗羲齐名。晚年南迁，讲学于河南辉县夏峰村二十余年，从者甚众，世称夏峰先生。孙奇逢一生著述颇丰，对清初理学影响很大。

译文

学问需要在人伦、事物中进行验证，并在日常生活中实践。试想你们来到世上是为了什么，能够对来这里的本意不感到惭愧，就是实际的学问。诗文经史，都在学问中找到归宿；身心性命，都在学问中受到启发。懂得了这个道理，随便在什么时候，随便在什么地方，都符合自然的法则，这样就不会虚度光阴了。

……

与人相处，必须有我待人宽容的意图，不要求得被人宽容。颜回被人侵犯而不计较，孟子每天多次反省自己，这样心思集中而不轻易波动的人，才是真正能包容他人的人。一句话不称自己的心意，一件事稍稍违逆了自己的心意，立即显示出声音不好听、脸色不好看，这就不是读过书的人。韩信受得了胯下之辱，张良在桥头为人穿鞋，这都是英雄忍受侮辱而成就事业的榜样。学习别人应达到这种境界。

……

患难固然是一件不幸的事情，但是首先要看自己是有愧还是无愧。如果无愧，那么敞开胸怀去面对它又有什么难的呢？这个世界上，如果没有骨气，胆子太小，那就一天都站不住脚。要做个好男子，必须经受磨炼。常怀忧患意识可以使人生存，耽于安乐会导致灭亡，这是千古不变的道理。轻率、放纵是不行的，一味地忧愁烦闷，对事情又有什么帮助呢？在危险艰苦的处境中有度过危险艰苦时期的办法，"自得"这两个字，正好在这个时候加深理解。

……

为人处世，说话最忌讳毫无保留，聪明最忌讳全部显露，好事最忌讳样样占尽。不仅意外之福难以享受，上天忌讳过分圆满。如果上述三件事不能留有余地，旁人就要侧目而视了。

读与思

孙奇逢的一生，前期以肝胆气骨和才略而著，晚年教授著述，以道德学问成北学泰斗。身处乱世，倾心治学，修身养性，将磨难和体验融入研习学问和感悟之中。以容城"孝友堂"命名的《孝友堂家训》和《孝友堂家规》，集中体现了孙奇逢教子、持家、待人、接物、为学、处世的原则和方法，流传很广，也成就了孙氏家族数百年的兴盛繁荣。

《孝友堂家训》提出的"学问须验之人伦事物""忍辱济事""做好男子，须经磨炼""言语忌说尽，聪明忌露尽，好事忌占尽"等话语，显示出孙奇逢知行合一、忍辱负重、谦虚谨慎的高尚品质和"饥饿穷愁困不倒，声色货利浸不倒，死生患难考不倒"的坚韧节操。

这里需要指出的是，孙奇逢讲的"忍辱济事"以及"颜子犯而不校"，今日应有正确的理解与践行。"忍辱"应看是什么样的"辱"，"犯而不校"应看是什么样的"犯"。若是人与人之间的正常而又可以宽容的"辱"或"犯"，当然可以忍辱负重而息事宁人。但如果是不正常的甚或是恶意的"辱"或"犯"，则应视情节、场景的不同，予以必要的明理或反击。一味地强调"忍辱"和"犯而不校"，也会助长邪恶。凡事应有正误之分，凡事也应把握好分寸，此乃做人做官之道。

张履祥：忠信笃敬，是一生做人根本

忠信笃敬，是一生做人根本。若子弟在家庭不敬信父兄，在学堂不敬信师友，欺诈傲慢，习以性成，望其读书明义理，日后长进，难矣。

欺诈与否，于语言见之；傲慢与否，于动止见之，不可掩也。自以为得，则害己；诱人出此，则害人。害己必至害人，害人适以害己。人家生此子弟，是大不幸，戒之戒之。

——张履祥：《示儿》

家训由来

本文出自张履祥所作的《示儿》。张履祥（1611—1674 年），字考夫，又字渊甫，号念芝，浙江省桐乡市人，世居清风乡炉镇杨园村，故学者称其"杨园先生"。明末清初著名理学家，清初朱子学的倡导者。

译文

忠诚守信用，笃实有礼貌，是一生做人的根本。如果子弟在家里不敬信自己的父兄，在学校里不敬信老师和学友，欺诈傲慢，习以成性，期望其读书学习、明白义理，日后有所长进，也就困难了！

一个人是否狡诈，能从他的言语中了解到；一个人是否傲慢，能从他的行动举止中看出来，这些都是无法掩盖的。狡诈、傲慢却自以为得意，实则害了自己；引诱别人这样做，即是害了别人。害自己则必然会害别人，害别人又恰恰是害自己。家中有这样的子弟，是很不幸的。你们要警惕戒备，警惕戒备！

—— 读与思 ——

张履祥生逢明末清初的动荡之世，既目睹了明末的腐败世风，又拒绝接纳新的清王朝，故以耕读并重的文化传统教育子女知稼穑之艰难，懂怠惰奢靡之危害。另外，张履祥老来得子，且疾病缠身，他对于两位爱子，深恐来不及亲自教诲，所以在读书、教学之暇，写作了《训子语》数篇，希望能借此垂教于后世子孙。张履祥的做法和思想，彰显出一位理学家的忧患意识和智慧才华。

张履祥认为，忠信笃敬，是做人的根本。人生在世，要摒弃欺诈、傲慢的恶习，否则会害人害己害家族，成为人生的大不幸。

朱柏庐：守分安命，顺时听天

黎明即起，洒扫庭除，要内外整洁；既昏便息，关锁门户，必亲自检点。一粥一饭，当思来处不易；半丝半缕，恒念物力维艰。宜未雨而绸缪，毋临渴而掘井。自奉必须俭约，宴客切勿流连。

……

家门和顺，虽饔飧（yōng sūn）不继，亦有余欢；国课早完，囊橐（náng tuó）无余，自得至乐。读书志在圣贤，为官心存君国。

守分安命，顺时听天。为人若此，庶乎近焉。

——朱柏庐：《朱子家训》

家训由来

本文出自朱用纯所作的《朱子家训》。朱用纯（1617—1688年），字致一，号柏庐，江苏省昆山县人，明末清初著名理学家、教育家。清军入关后隐居教读，潜心治学，以程朱理学为本，提倡知行并进，躬行实践。他生平精神宁谧，严以律己，对当时愿和他交往的官吏、豪绅，以礼自持，刚正不阿。著有《辍讲语》《治家格言》《愧讷集》《大学中庸讲义》等。他临终前嘱咐弟子："学问在性命，事业在忠孝。"

译文

　　每天黎明就要起床，先用水洒湿庭堂内外的地面，然后扫地，使厅堂内外整洁；到了黄昏便要休息并亲自查看一下要关锁的门户。对于一碗粥或一顿饭，我们应当想着来之不易；对于衣服的半根丝或半条线，我们也要常念着这些物资的生产是很艰难的。凡事要准备，没到下雨的时候，要先把房子修葺好，不要到了口渴的时候才掘井。自己生活上必须节约，在一起吃饭切勿流连忘返。

　　……

　　家庭和谐，即使缺衣少食，也觉得快乐；尽快缴完赋税，即使口袋所剩无几也自得其乐。读圣贤书，目的在向圣贤学习；做一个官吏，要有忠君爱国的思想。

　　安分守己，服从天命，顺应时势，听从上天安排。如果能够这样做人，那就差不多达到圣贤的要求了。

读与思

　　《朱子家训》，又名《朱子治家格言》《朱柏庐治家格言》，被士大夫尊为"治家之经"，清至民国年间一度成为童蒙必读课本之一，流传甚广。

《朱子家训》从治家的角度讲了安全、卫生、勤俭、有备、饮食、房田、婚姻、美色、祭祖、读书、教育、财酒、戒性、体恤、谦和、无争、交友、自省、向善、纳税、为官、顺应、安分、积德等诸方面的问题，核心就是要让人成为一个正大光明、知书明理、生活严谨、宽容善良、理想崇高的人，这也是中国文化的一贯追求。

《朱子家训》思想植根深厚，含义博大精深，是三百年来最具影响力、内容最为详尽的一部"治家"规范。该家训通篇意在劝人要勤俭持家、安分守己。在讲述中国几千年形成的道德教育思想时，以名言警句的形式表达出来，可以口耳相传，也可以写成对联条幅挂在大门、厅堂和居室，作为治理家庭和教育子女的座右铭，得到很多官宦、士绅和读书人的钟爱。

张英：读书、守田、积德、择交

予之立训，更无多言，止有四语：读书者不贱，守田者不饥，积德者不倾，择交者不败。

——张英：《聪训斋语》

家训由来

本文出自张英所作的《聪训斋语》。张英（1637—1708年），字敦复，又字梦敦，号乐圃，又号倦圃翁，安徽桐城人，清代名臣、文学家，康熙时期官至文华殿大学士兼礼部尚书，后入值南书房。

张英学识渊博，注重家教，家族六代共出进士十三人，其中入翰林院者十二人。张英长子张廷瓒、次子张廷玉都是清朝大臣。张英、张廷玉父子二代为相，成就了"父子双学士，老小二宰相"的美谈。张氏家风还绵泽后世，先后出现"三世得谥""六代翰林"等人文盛况，有"门族清华，世代簪缨"之誉。

"六尺巷"的故事也出自张英。张英桐城老家的人与邻居吴家在宅基地问题上发生了争执，将官司打到县衙，因为双方都是名门望族，官位显赫，县官也不敢轻易决断。张家人千里传书到京城求援。张英收书后批诗一首云："千里修书只为墙，让他三尺又何妨。万里长城今犹在，不见当年秦始皇。"张家人豁然开朗，退让了三尺。吴家见状深受感动，也让出三尺，形成了一个六尺宽的巷子。

译文

我立下的家训，没有更多话要说了，只用四句话总括其要：读书求学的人，不会沦于卑贱；躬耕田亩的人，不会遭受饥饿；行善积德的人，不会招致倾覆；审慎交友的人，不会遭到失败。

读与思

张英撰写的《聪训斋语》是清代家训中的名篇。张英把张氏家训概括为四句话，要求做好四件事：读书、耕田、积德、择交，可谓言简意赅。看似简单，实质上是高标准、严要求，需要花费大力气才能做到。

家有读书人，穷不过三代；家无读书人，富贵只是一时。正如宋真宗所说："富家不用买良田，书中自有千钟粟。安居不用架高堂，书中自有黄金屋。出门无车毋须恨，书中有马多如簇。娶妻无媒毋须恨，书中有女颜如玉。男儿欲遂平生志，六经勤向窗前读。"

家里有粮心不慌，名下有田免饥寒。在传统农业社会里，土地是保险系数最高的财富，大水冲不走，大火烧不坏，年年得利，世代相传。

积德是人生两件大事之一。《周易·乾卦》说："君子进德修业。"君子一生所要做的事情归结起来就是两件大事，一是提高道德修养，二是建功立业。而提高道德修养在二者之中处于首位，正如中国共产党选拔领导干部的基本标准：德才兼备、以德为先。

交友不慎，埋下祸根。张英根据看到和亲身经历过的事件告诉儿子，那些阴险毒辣的人，如毒酒入口，如毒蛇螫肤，千万不可交往，一旦与他们交上朋友，就很难脱身，无法挽救。

张廷玉：处顺境则退一步想，处逆境则进一步想

处顺境则退一步想，处逆境则进一步想，最是妙诀。余每当事务丛集、繁冗难耐时，辄自解曰："事更有繁于此者，此犹未足为繁也。"则心平而事亦就理。即祁寒溽暑皆作如是想，而畏冷畏热之念不觉潜消。

——张廷玉：《澄怀园语》

家训由来

本文出自张廷玉所作的《澄怀园语》。张廷玉（1672—1755年），字衡臣，号研斋，安徽桐城人，清朝杰出政治家，大学士张英次子。康熙朝入值南书房，进入权力中枢，成为朝廷重臣。雍正朝历任礼部尚书、户部尚书、吏部尚书，拜保和殿大学士（内阁首辅）、首席军机大臣等职。谥号"文和"，配享太庙，是整个清朝唯一一个配享太庙的汉臣。

译文

身处顺利的环境中就退一步考虑，处在不顺利的环境中就进一步思考，这是最妙的诀窍。每当我琐事缠身甚至有点受不了的时候，就

自我解嘲说："还有比现在这事更复杂难办的，这还不算最让人头疼的。"就会心里平静了，做事也会有条有理。就是在严寒酷暑都这么想，那种怕冷怕热的想法就不知不觉地消失了。

读与思

张廷玉在服官之余、理政之暇，留心时务，详察当代变革，苦读深思，细究为文为人之道。凡有心得，记之笔端，汇辑成书，名为《澄怀园语》，旨在告诫子孙后人"知我之立身行己，处心积虑之大端"。《澄怀园语》与其父张英所作《聪训斋语》同为我国家训名篇，被后世并称为"父子宰相家训"。清末名臣曾国藩对此推崇备至，称赞张氏家训"句句皆吾肺腑所欲言"。

张廷玉认为，要以平和的心态面对突发事件。遇顺境，处之淡然；遇逆境，处之泰然。处乱不惊才能解决问题，走出困境。这种思想与清朝金缨《格言联璧》的四句话意思相近："大事难事看担当，逆境顺境看襟度。临喜临怒看涵养，群行群止看识见。"

金缨：以心术为本根，以伦理为桢干

以心术为本根，以伦理为桢干，以学问为菑畬（zī shē），以文章为花萼，以事业为结实，以书史为园林，以歌咏为鼓吹，以义理为膏粱，以著述为文绣，以诵读为耕耘，以记问为居积，以前言往行为师友，以忠信笃敬为修持，以作善降祥为受用，以乐天知命为依归。

——金缨：《格言联璧》

家训由来

本文出自金缨所作的《格言联璧》。金缨，清代学者，浙江省山阴县人，生平不详。编著《格言联璧》一书，广泛流传。

译文

以心术为根本，以伦理为树干，以学问为良田，以文章为花萼，以事业为果实，以书籍为园林，以歌咏为音乐，以义理为食物，以著述为彩绣，以诵读为耕耘，以讨论学问为累积，以先贤的言行为师友，以敬忠笃信为修持，以行善降祥为给用，以乐天知命为依归。

读与思

　　《格言联璧》为晚清学者金缨所著，分为学问、存养、持躬、摄生、敦品、处事、接物、齐家、从政、惠吉、悖凶十一类，以"诚意""正心""格物""致知""修身""齐家""治国""平天下"等主要内容为框架，可以说是一座包罗万象的格言宝库，对人们修身养性、处世做人、治家从政很有借鉴价值。自咸丰元年（1851年）刊行后，即广为传诵，所谓"地不分南北、人不分贫富，家家置之于案，人人背诵习读"，堪称立身处世的金科玉律，修心养性的人生智慧，千古不移的至理名言。

　　选读的这段话在《格言联璧》中属于字数最多的一段。金缨连用十五个"以"字，全面阐释了人生的重大问题，包括世界观、人生观、价值观等方面，也显示了作者的生活态度和精神境界。本段训诫层层递进，步步深入，高屋建瓴，一气呵成，催人奋发，有很强的感染力。

郑燮：天道不可凭，人事不可问

　　谁非黄帝尧舜之子孙，而至于今日，其不幸而为臧获，为婢妾，为舆台、皂隶，窘穷迫逼，无可奈何。非其数十代以前即自臧获、婢妾、舆台、皂隶来也。一旦奋发有为，精勤不倦，有及身而富贵者矣，有及其子孙而富贵者矣，王侯将相宁有种乎！而一二失路名家，落魄贵胄，借祖宗以欺人，述先代而自大，辄曰："彼何人也，反在霄汉；我何人也，反在泥涂。天道不可凭，人事不可问。"

嗟乎！不知此正所谓天道人事也。天道福善祸淫，彼善而富贵，尔淫而贫贱，理也，庸何伤？天道循环倚伏，彼祖宗贫贱，今当富贵；尔祖宗富贵，今当贫贱，理也，又何伤？天道如此，人事即在其中矣。

愚兄为秀才时，检家中旧书簏，得前代家奴契券，即于灯下焚去，并不返诸其人。恐明与之，反多一番形迹，增一番愧恧（nù）。自我用人，从不书券，合则留，不合则去。何苦存此一纸，使吾后世子孙，借为口实，以便苛求抑勒乎！如此存心，是为人处，即是为己处。若事事预留把柄，使入其网罗，无能逃脱，其穷愈速，其祸即来，其子孙即有不可问之事、不可测之忧。试看世间会打算的，何曾打算得别人一点，直是算尽自家耳！可哀可叹，吾弟识之。

——郑燮：《郑板桥家书》

家训由来

本文出自郑燮所作的《郑板桥家书》。郑燮（1693—1766年），字克柔，号理庵，又号板桥，人称板桥先生，江苏兴化人。郑燮是乾隆元年（1736 年）进士，曾任山东范县、潍县县令，政绩显著，后客居扬州，以卖画为生，为"扬州八怪"之一。

郑板桥一生只画兰、竹、石，自称"四时不谢之兰，百节长青之竹，万古不败之石，千秋不变之人"。其诗、书、画，世称"三绝"，是清代有代表性的文人画家。

译文

谁不是黄帝后裔、唐尧虞舜的子孙？而到了现在，有的不幸沦为臧获、婢妾、舆台、皂隶等地位低下的人，生活贫穷窘迫，无可奈何。并不是数十代之前就如此啊。世人一旦奋发图强、孜孜不倦地学习，就有为自己博取功名富贵的人，有子孙享受到荣华富贵的人，王侯将相并不是生来如此！也有个别落魄的名家贵胄的子弟，借祖宗的名望以欺人，借先代的辉煌以自夸，动不动就说："他算什么人，反倒登了天？我是谁，反倒落进了这万丈深渊？没有天理了，人间事没法说。"

可悲啊，岂不知这正是所谓人间正道、世间真理。天理就是要让行善的获福、为恶的遭殃。做好事就能富贵平安，做坏事就会困窘受苦。这就是天理，何必伤心抱怨？天理是循环的，祸兮福之所倚，福兮祸之所伏。他的祖宗从前贫贱，轮到他就富贵，你的祖宗富贵，轮到你就贫贱，这就是天理，何必伤心？天道如此，人间的事理也在其中。

我还是秀才的时候，翻检家中的旧书箱，看见早年间家中奴隶的卖身契，当即就借着灯火烧了，并未拿给当事人看。我是怕让人家看了反倒多了一事，让人家感到难堪。我用人，从不签合同，处得来就用，处不来可自愿离开。何苦要留这么个契约，让后世子孙以此为口实对人家颐指气使？这样考虑问题，既是为别人，也是为自己。如果事事都想着抓别人的把柄，用这种方法把控别人，让人无法摆脱，他走投无路时，祸患就来了。这样做会让子孙有不可预测的祸患。试看人世间机关算尽的人，何曾算计得别人一点，结果总是把自己算进去了。可哀可叹！弟弟要明白这些道理啊。

读与思

郑板桥关心百姓疾苦，同情下层民众，雇佣人，不签合约，合则留，不合则去。其《潍县署中画竹呈年伯包大中丞括》脍炙人口，流传很广，也体现了这种情怀："衙斋卧听萧萧竹，疑是民间疾苦声。些小吾曹州县吏，一枝一叶总关情。"他的《竹石》诗则表达了绝不随波逐流的高尚情操："咬定青山不放松，立根原在破岩中。千磨万击还坚劲，任尔东西南北风。"郑板桥认为，"天道不可凭，人事不可问", "一旦奋发有为，精勤不倦"，就有可能获得成功。尽心尽力做好自己的事情，就问心无愧了。

郑板桥所处的年代与现在完全不同。那时候，他雇佣人，可不签合同，合则用，不合则去。当下，讲究合同契约的效用，亦是依合同法和相关规定办事，不能同日而言也。

纪昀："四戒"与"四宜"

父母同负教育子女责任，今我寄旅京华，义方之教，责在尔躬。而妇女心性，偏爱者多，殊不知爱之不以其道，反足以害之焉。其道维何？约言之有"四戒""四宜"：一戒晏起，二戒懒惰，三戒奢华，四戒骄傲。既守"四戒"，又须规以"四宜"：一宜勤读，二宜敬师，三宜爱众，四宜慎食。以上八则，为教子之金科玉律，尔宜铭诸肺腑，时时以之教诲三子。虽仅十六字，浑括无穷，尔宜细细领会，后辈之成功立业，尽在其中焉。

——纪昀：《寄内子论教子书》

家训由来

本文出自纪昀所作的《寄内子论教子书》。纪昀（1724—1805

年），字晓岚，又字春帆，晚号石云，道号观弈道人，直隶河间府献县（今河北省献县）人，谥号"文达"，清代著名政治家、文学家。

纪昀于乾隆十九年（1754年）考取进士，授翰林院编修，历任左庶子、兵部侍郎、左都御史、礼部侍郎、礼部尚书、协办大学士等职，有《阅微草堂笔记》《纪文达公遗集》等著作传世。他曾任《四库全书》总纂官，"始终其事，十有余年"。纪昀去世后嘉庆帝亲笔题写墓志铭："敏而好学可为文，授之以政无不达。"

译文

父母应当共同担负起教育子女的义务，但如今我旅居北京，家庭教育的责任就落在了你一个人的身上。然而妇女心性，偏爱子女的占多数，她们哪里知道不讲原则的爱，反而会害了子女。教育子女应有哪些原则呢？简单地说有"四戒""四宜"：一不准晚起床，二不准懒惰，三不准奢华，四不准骄傲。既要遵守"四戒"，又须规劝"四宜"：一宜勤学，二宜尊敬老师，三宜爱众，四宜谨慎饮食。以上八条，是教育子女不可改变的条规，你要牢牢记在心上，随时用来教育三个孩子。虽然仅仅十六个字，但已全部包括无遗了，你应该细细领会，孩子们将来成功立业，全部在这里面了。

读与思

纪昀教子有方。在和妻子谈到教育子女的原则时，纪昀认为必须做到"四戒""四宜"。"四戒"从反面强调一个人要坚守的底线，"四宜"则从正面教育孩子，必须养成良好的习惯、培养高尚的品德。"四戒"与"四宜"相辅相成，相得益彰，相互补充，相映生辉。既告诉后人什么不该做，又告诉后人应该怎么做。这样的家训，既简洁明了，又深刻透彻。

此外，纪昀还在《戒后》一文中提出了"四莫"家训，即"贫莫断书香，富莫入盐行，贱莫做奴役，贵莫贪贿赃"。根据自身见闻和经历，要求后代，贫穷时不能断了读书的香火；富裕时不能做盐行的差使，不能从事暴力行业，杜绝"富贵险中求"的念头；贫贱时不要做差役，要保持独立人格；高贵时不能贪赃枉法，做到清正廉洁。

林则徐：十无益

存心不善，风水无益；不孝父母，奉神无益；兄弟不和，交友无益；行止不端，读书无益；做事乖张，聪明无益；心高气傲，博学无益；时运不济，妄求无益；妄取人财，布施无益；不惜元气，服药无益；淫恶肆欲，阴骛无益。

——林则徐：《林则徐全集》

家训由来

本文是林则徐基于自己的人生经验和价值观，对后世子孙和他人行为的指导。林则徐（1785—1850年），字元抚，又字少穆、石麟，晚号俟村老人等，福建侯官县（今福建省福州市）人，清朝政治家、思想家和诗人，治水名人。

林则徐官至一品，曾任湖广总督、陕甘总督和云贵总督等职，两次受命钦差大臣；主张严禁鸦片，在虎门收缴销毁鸦片，是抗击西方侵略的民族英雄。

西方入侵中国后，林则徐是近代中国开眼看世界的第一人，对西方的文化、科技和贸易持开放态度，主持编译《四洲志》。魏源在此基础上编撰的《海国图志》，对晚清的洋务运动乃至日本的明治维新都具有启发作用。林则徐一生秉持忠贞爱国、勤勉为民、清廉为官、淡泊名利、勤俭持家的官德家风，为后人称颂。

译文

心地不善良，占据风水宝地没有用；不孝敬父母，侍奉神灵没有用；自家兄弟不和睦，去社会上结交朋友没有用；行为不端正，读书再多也没有用；做事不合规矩，即使聪明也没有用；心高气傲不谦虚，掌握的知识再多也没有用；运气不好，时机不到，妄求别人没有用；谋取不义之财，再去舍施没有用；不珍惜自身的元气，吃补药没有用；横行霸道，为非作歹，即使祖宗积有阴德也没有用。

读与思

"十无益"从唐代开始为世人所推崇，到宋代融入儒家思想，变成更多人知晓的修身格言。林则徐深受儒家思想影响，认为"十无益"对个人修身、对良好家风的形成具有重要作用，可以作为家训，因此多次手书这则格言。现在存有三件林则徐书写"十无益"格言的石刻。

"十无益"包含自身修养，人与家庭、社会的关系，儒家思想的"仁、义、礼、智、忠、信、孝、悌"八字方针都在里面，全方位地对人的身心起教化作用。"十无益"涉及修身、齐家、治国、平天下，是中华优秀传统文化的精髓，对社会主义核心价值观的形成，能起到很好的教化、传承、促进作用。

在教育子孙方面，林则徐还为后世留下了一副名联："子孙若如我，留钱做什么，贤而多财，则损其志；子孙不如我，留钱做什么，愚而多财，益增其过。"

此外，林则徐的名联"苟利国家生死以，岂因祸福避趋之"，显示了谋国不谋身，为了国家利益矢志不移、置个人生死于度外的博大胸怀，也是儒家追求的修齐治平抱负的另一种表达。另一名联"海纳百川，有容乃大；壁立千仞，无欲则刚"则体现了林则徐海纳百川的宽广胸怀和至大至刚的浩然正气。

胡林翼：读书如攻贼

读书如攻贼，非可侥幸得果者也。多读乃是根本之图，六经无论矣，余如老庄，如《史记》，如前后《汉书》，如《通鉴》，如韩、柳、欧、苏等集，均为不可不读之书。多读则气盛言宜，下笔作文便仿佛有神助，否则干枯拙塞，勉强成篇，亦索索无生气，不足登于大雅之堂也。

——胡林翼：《胡林翼家书》

家训由来

本文出自胡林翼所作的《胡林翼家书》。胡林翼（1812—1861年），字贶生，号润芝，湖南省益阳县人，湘军重要首领，曾任湖北按察使、布政使，署理湖北巡抚。胡林翼大力整饬吏治，引荐人才，协调各方关系，曾多次推荐左宗棠、李鸿章、阎敬铭等能臣干将，为时人所称道，谥号"文忠"，有《胡文忠公遗书》等。

译文

　　读书就像攻打盗贼一样，不是凭侥幸就可以取得成功的。多读是最根本的途径，六经是必读书，就不必多说了，其他如《老子》《庄子》，如《史记》《汉书》《后汉书》，如《资治通鉴》，如韩愈、柳宗元、欧阳修、苏轼等人的文集，都是不可不读之书。多读书就会文气旺盛，遣词造句得体，下笔作文就会像有神灵帮助一样，否则就会才思枯竭，文笔不畅，即使勉强写成了文章，也是毫无生气，难以登上大雅之堂。

读与思

　　胡林翼教导侄儿，要想写好文章，必须多读书。读书要有选择，胡林翼开列了长长的书单，经史子集，不可偏废。这篇书信所讲的道理，也可以用一句俗语概括，那就是"熟读唐诗三百首，不会作诗也会吟"。

曾国藩：读经读史法

穷经必专一经，不可泛骛……读经有一"耐"字诀：一句不通，不看下句；今日不通，明日再读；今年不精，明年再读。此所谓耐也。读史之法，莫妙于设身处地。每看一处，如我便与当时之人酬酢笑语于其间。不必人人皆能记也，但记一人，则恍如接其人；不必事事皆能记也，但记一事，则恍如亲其事。

——曾国藩：《曾国藩家书家训》

家训由来

本文出自《曾国藩家训家书》，曾国藩原典。曾国藩（1811—1872 年），原名子城，字伯涵，号涤生，湖南湘乡人，晚清政治家、战略家、理学家、文学家，湘军创立者和统帅，位居晚清四大名臣之首，官至两江总督、直隶总督、武英殿大学士，封一等毅勇侯，谥号"文正"。

译文

读经书必须专心致志地读其中一部，不可贪多……读经有一个"耐"字诀窍：一句不通，不看下句；今天不通，明天再读；今年不通，明年再读。这就叫耐心。读史的方法，无过于设身处地。每看一处，好比我就是当时的人，应酬宴请在其中。不必人人都能记得，只记一人，就好像在接近这个人一样；不必事事都记得，只记一事，就好像亲临其事一样。

读与思

读经要有耐心，不要急于求成；读史要设身处地，好像亲临其事、亲见其人一样。读书和做事情一样，不可避免会有困惑的时候。这时候，一定不能间断，不可放弃，熬过这一关，就是进步。再前进，再遇到困惑，再熬过去，再前进一步，自然会有豁然开朗、快速前进的那一天。总之，每一件事情都有极困难之时，打得通的，便是好汉。

曾国藩：士人读书三要

盖士人读书，第一要有志，第二要有识，第三要有恒。有志则断不甘为下流；有识则知学问无尽，不敢以一得自足，如河伯之观海，如井蛙之窥天，皆无识者也。有恒则断无不成之事。此三者缺一不可。

——曾国藩：《曾国藩家书家训》

家训由来

本文出自《曾国藩家书家训》，曾国藩原典。曾国藩一生写了一千四百多封家书，清光绪五年（1879年）集结为《曾文正公家书》。曾国藩曾说："苟能发奋自立……负薪牧豕皆可读书；苟不能发奋自立……即清静之乡神仙之境皆不能读书，何必择地？何必择时？"

译文

士人读书，第一要有志向，第二要有见识，第三要有恒心。有志气则绝对不会甘心居于下等社会；有见识则知道学无止境，不敢稍有心得就自我满足，像河伯观海、井底之蛙观天，这些都是没有见识的。有恒心则必然没有干不成的事情。有志、有识、有恒，三者缺一不可。

读与思

曾国藩认为，读书学习要做到三条，即有志向、有见识、有恒心，三者缺一不可。

《周易·乾卦》写道："君子进德修业。"君子读书求学的目的有两个：一是"进德"，提高道德境界；二是修业，提高能力水平。《大学》提出的明明德、亲民、止于至善"三纲领"是读书人的分内之事。曾国藩读书三要，是达到"进德修业"，实现"三纲领"的途径。

朱熹提出的"读书三到"（心到、眼到、口到），欧阳修总结的"读书三上"（马上、枕上、厕上），与曾国藩的"读书三要"（有志、有识、有恒）相互补充，都是珍惜时间、认真读书、进德修业、做一名士人君子的经验之谈。

左宗棠：读书做人，先要立志

志患不立，尤患不坚。偶然听一段好话，听一件好事亦知歆动羡慕，当时亦说我要与他一样。不过几日几时，此念就不知如何销歇去了。此是尔志不坚，还由不能立志之故。如果一心向上，有何事业不能做成？陶桓公有云："大禹惜寸阴，吾辈当惜分阴。"古人用心之勤如此。韩文公云："业精于勤而荒于嬉。"凡事皆然，不仅读书，而读书更要勤苦。何也？百工技艺、医学、农学均是一件事，道理尚易通晓。至吾儒读书，天地民物莫非己任，宇宙古今事理，均须融澈于心，然后施为有本。

人生读书之日最是难得，尔等有成与否，就在此数年上见分晓。若仍如从前悠忽过日，再数年依然故我，还能冒读书名色充读书人否？思之！思之！

——左宗棠：《左文襄公家书》

家训由来

　　本文出自左宗棠所作的《左文襄公家书》。左宗棠（1812—1885年），字季高，一字朴存，号湘上农人，湖南省湘阴县人，晚清军事家、政治家，湘军著名将领，洋务派代表人物之一。左宗棠参与平定太平天国运动，兴办洋务，镇压捻军，收复新疆，推动新疆置省，与曾国藩、李鸿章、张之洞并称"晚清中兴四大名臣"。

译文

　　没有志向让人担心，志向不坚定更让人担心。偶然听到一段好话，听说一件好事也会怦然动心，羡慕不已，当时也说我要和他一样。不知道过了多长时间，这种念头就烟消云散了。这说明你意志不坚，也是不能立志的缘故。如果一心向上，有什么事情不能取得成功呢？陶桓公曾说："大禹珍惜一寸的光阴，我们应该珍惜一分的光阴。"古人用心如此勤苦。韩愈说："学业因为勤奋而精通，因为嬉笑游玩而荒废。"所有的事情都是这个道理，不只是读书，而读书更要勤苦。为什么呢？百工技艺、医学、农学等都是一件事，道理还容易明白。对我们这些学习儒家学说的读书人来说，天地、百姓、万事万物都是我们关心的事情、应尽的责任，宇宙古今事理都必须融会贯通，才能做到行为有遵循。

读书的日子在人生中是非常宝贵的。你们能否取得成功，就看这几年了。如果仍然像从前那样浑浑噩噩地打发时间，再过几年也不会有什么变化，还能拿着读书的幌子、冒充读书人吗？深思！深思！

──────── 读与思 ────────

左宗棠告诫儿子，读书做人，不但要树立志向，而且要志向坚定。志向不坚定，也会一事无成。要有责任感和使命感，探寻宇宙、古今、万事万物的变化规律。要珍惜年轻时的大好时光，多读书。如果虚度光阴，就对不起读书人这一称呼。

左宗棠：学业才识，不日进，则日退

学业才识，不日进，则日退。须随时随事留心著力为要。事无大小，均有一定当然之理，即事穷理，何处非学？昔人云："此心如水，不流即腐。"张乖崖亦云："人当随事用智。"此为无所用心一辈人说法。果能日日留心，则一日有一日之长进。事事留心，则一事有一事之长进。由此日积月累，何患学业才识不能及人也！

——左宗棠：《与陶少云书》

家训由来

本文出自左宗棠所作的《与陶少云书》。左宗棠曾云："天下事不难办，总是得人为难尔。""读书增其识解，治事长其阅历。"

译文

学业、才识，不天天提高，就会天天退步。必须时时事事都留心注意，这是最重要的。事情无论大小，都包含一定的道理，遇到事情就寻根问底，做到这些，哪儿没有学问呢？古人说："这心思像流水一样，不流动就会腐臭。"宋代张乖崖也说："人遇事应当多动脑筋。"这是针对那些事事无所用心的一类人说的。如果能做到天天留心，就会天天有长进。事事留心，就会经一事长一智。像这样长期积累下去，还怕学业、才识赶不上别人吗？

—————— 读与思 ——————

左宗棠是一位不折不扣的民族英雄，他那句"逆水行舟，不进则退"无人不知、无人不晓。左宗棠戎马一生、博识多通、贡献卓著，在政事、军事、教育方面都有卓越贡献。

左宗棠早期读书刻苦、才思敏捷、不畏失败、注重积累，所以他教育后人也要每天学习、每天进步、日日积累。这则家训同样适用于当下的我们——学业才识，不日进，则日退。

丁宝桢：爱民养民为第一要事

至做官，只是以爱民养民为第一要事。即所谓报国者亦不外此。盖民为国本，培养民气即是培养国脉。缘民心乐，民气和，则不作乱，而国家予以平康，此即所以报国也。尔以后务时时体察此言，立心照办……凡有害民者，必尽力除之；有利于民者，必实心谋之。

——丁宝桢：《丁文诚公家信》

家训由来

本文出自丁宝桢所作的《丁文诚公家信》。丁宝桢（1820—1886年），字稚璜，祖籍江西临川，贵州平远（今贵州省毕节市织金县）人，晚清名臣，洋务运动代表人物。

丁宝桢三十三岁中进士，历任翰林院庶吉士、编修，岳州知府、长沙知府，山东巡抚、四川总督。任山东巡抚期间，他两治黄河水患，创办山东首家官办工业企业山东机器制造局，成立尚志书院和山东首家官书局。任四川总督十年间，他改革盐政、整饬吏治、修理都江堰水利工程、兴办洋务抵御外侮，政绩卓著，造福桑梓，深得民心。

丁宝桢勇于担当、清廉刚正，一生致力于报国爱民。六十六岁时去世，追赠太子太保，谥号"文诚"，入祀贤良祠，并在山东、四川、贵州建祠祭祀。

译文

至于做官，最重要的是把爱民养民放在首要位置。平时所说的报效国家就是这个道理。这是因为，百姓是国家的根本，培养百姓的精神就是培养国家的命脉。顺应民心则百姓安乐、民气和顺，就不会犯上作乱，而国家就会太平安康，所以说爱民养民就是报效国家。你以后务必时刻体会这些话的含义，从内心里遵照办理……凡是危害百姓利益的，必须尽力除去；有利于百姓的，必须真心实意地谋划，为民造福。

读与思

丁宝桢认为，为官要以"爱民养民"为第一要务。为官一任，要敢于担当，一切以老百姓利益为出发点和归宿。要为民除害兴利，担当作为，端正为官动机，始终如一，保持良好操守，报国安民。

郑观应：积德以遗子孙

积金玉以遗子孙，子孙未必能守；积诗书以遗子孙，子孙未必能读；不如积德以遗子孙。

求福莫如积善，积善莫如救人。救人之切而要、广而普者，莫如赈饥。

所望各子孙孝友立志须学前贤，俗云：好子不食爷田地。不可争论遗产，不可虚度光阴，不可浪费资财，必须勤俭，言行谦恭，读书毕业，当此竞争之世，不耐劳苦不能自立。

——郑观应：《香山郑慎馀堂侍鹤老人嘱书》

本文出自郑观应所作的《香山郑慎徐堂侍鹤老人嘱书》。郑观应（1842—1922年），字正翔，号陶斋，别号杞忧生，晚年自号罗浮侍鹤山人，广州府香山县（今广东省中山市）人。他是中国近代最早具有完整维新思想体系的理论家，也是启蒙思想家、实业家、教育家、文学家、慈善家和热忱的爱国者。

译文

积累金银财宝留给子孙，子孙不一定能守住；积累书籍留给子孙，子孙不一定愿意学习；不如积累善德留给子孙。

求福不如积善，积善不如救人。救人最紧要而能广泛施行的，莫过于赈济饥民。

希望各位对父母孝顺、对兄弟友爱的子孙后代立下向先贤学习的志向，俗话说：好子孙不依赖祖辈留下的田产。不能争夺遗产，不能虚度光阴，不能浪费钱财，必须勤俭节约，谈吐举止谦虚恭敬，多读书并完成学业，在这个竞争激烈的世界，不能吃苦耐劳就无法自立。

读与思

郑观应有著作《盛世危言》，是以富强救国为核心的变法大典。郑观应要求清廷"立宪法""开议会"，实行立宪政治，主张习商战、兴学校，对政治、经济、军事、外交、文化诸方面的改革提出了切实可行的方案。光绪皇帝看到此书，下令印刷两千部，分发给大臣阅读。这部著作问世后社会反响很大，时人称此书"医国之灵枢金匮"，影响了康有为、孙中山、蔡元培、毛泽东等人。郑观应的爱国情怀、慈善思想、务实作风以及家风家训释放出来的巨大影响力，唤醒了一个时代，对近代中国产生了深远影响。

郑观应的家训有家书、嘱书、诗歌、散文、匾额和楹联等，内容重点是培养良好的品格。郑观应要求子孙学习前贤，适应社会，不可虚度光阴，不可浪费资财，必须勤俭，言行谦恭，读书毕业，培养吃苦耐劳精神。

郑观应的故居澳门郑家大屋，有一副木刻抱柱楹联："惜食惜衣不独惜财还惜福，求名求利必须求己免求人。"反映了郑氏家风珍惜福泽、自立自强、光明磊落的鲜明特点，流传很广。

浦江郑氏：出仕者以报国为务

子孙器识可以出仕者，颇资勉之。既仕，须奉公勤政，毋蹈贪黩，以忝家法。任满交代，不可过于留恋，亦不宜恃贵自尊，以骄宗族。仍用一遵家范，违者以不孝论。

子孙倘有出仕者，当夙夜切切，以报国为务。抚恤下民，实如慈母之保赤子。有申理者，哀矜恳恻，务得其情，毋行苛虐。又不可一毫妄取于民。若在任衣食不能给者，公堂资而勉之。其或廪禄有余，亦当纳之公堂，不可私于妻孥，竞为华丽之饰，以起不平之心。违者天实临之。

子孙出仕，有以赃墨闻者，生则于《谱图》上削去其名，死则不许入祠堂。（如果被诬指者则不拘此。）

——郑强胜注评：《郑氏规范》

家训由来

本文出自《郑氏规范》，是浦江郑氏治家的训言。浙江浦江郑氏家族以"孝义"治家，创造了一个家族治理的奇迹。从北宋末期，经南宋、元、明、清四朝，同居累计达二十世，时间长达五百六十余年（1118—1679年），鼎盛时期三千人共食。

郑氏家族不少成员被《宋史》《元史》《明史》列入《孝义传》或《孝友传》，成为最有影响的家族之一。郑氏家族受到宋、元、明三朝旌表，明太祖朱元璋御封郑氏为"江南第一家"，并赐予亲笔书写的"孝义家"三字。方孝孺有诗云，"史臣何用春秋笔，天子亲书孝义家""只今四海推师表，不止江南第一家"。

译文

子孙有才干和见识能够做官的，应当资助鼓励。当官后，就要廉洁奉公、勤于职守，决不能贪污腐败而辱没家法。官职任期已满就要尽快交接清楚，不能留恋官位，也不能依仗自己的权位而妄自尊大、在宗族中骄横。仍然要统一遵守家族规范，违反者将以不孝论处。

子孙如有当官的，应该夙夜在公，以报效国家为第一要务。抚恤百姓，如同慈母保护年幼的孩子一样。对申诉告状的人，一定要怀有怜悯和恻隐之心，一定要调查清楚其中的实际情况，不能严酷或虐待他们。更不能收取百姓一丝一毫的财物。如果有在任期间衣食不能自给的，公堂要资助并勉励他。如果俸禄有盈余，也应当交给公堂，不能私下交给妻妾去争相购买华丽的服饰，从而引起他人的不满。违犯者，天灾就要降临到他的头上。

子孙在外做官，如果有犯贪污罪的，活着的时候就要在《谱图》

上删除他的名字，死后也不允许他的牌位放入祠堂。（遭他人诬陷的不在此列。）

读与思

《郑氏规范》涉及家政管理、子孙教育、冠婚丧祭、生活学习、为人处世等方面，是非常齐全的家庭管理规范。其积极意义有三个方面：一是厚人伦，崇尚孝顺父母、兄弟恭让、勤劳俭朴的持家原则；二是美教化，开办东明书院，注重教育，教子有方；三是讲廉洁，从家庭角度要求为官者"奉公勤政，毋蹈贪黩"。

节选的部分内容，是对步入仕途的郑氏子孙提出的要求。告诫家族子弟，为官从政要清廉自持、公正办事、体察民情、忠诚为国。如果贪污了，严加处罚，生则削谱，死则牌位不得入祠堂。

如今，《郑氏规范》成为中华民族挥之不去的文化记忆，拥有无比强大的生命力。这是因为，《郑氏规范》蕴含了家国情怀、家国合一的文化基因，包含着个人、家庭、国家和民族砥砺前行的强大精神动力。

钱泳：要做则做

后生家每临事，辄曰："吾不会做。"此大谬也。凡事做则会，不做则安能会耶？又做一事，辄曰："且待明日。"此亦大谬也。凡事要做则做，若一味因循，大误终身。家鹤滩先生有《明日歌》最妙，附记于此："明日复明日，明日何其多。我生待明日，万事成蹉跎。世人苦被明日累，春去秋来老将至。朝看水东流，暮看日西坠。百年明日能几何，请君听我《明日歌》。"

——钱泳：《要做则做》

家训由来

本文出自钱泳所作的《要做则做》。钱泳（1759 —1844 年），字立群，号梅溪，江苏金匮（今江苏省无锡市）人，清代著名的金石书法家，工诗善画，著述甚多。所著《履园丛话》是一部笔记小说，以作者亲身经历为依照，记载了清代的政治、经济、文化、社会生活等各个方面的风物、掌故，保存了不少清代史料。

译文

后辈们每当遇到事情，总是说："我不会做。"这是非常错误的。

无论什么事情，只要做就能学会，不去做怎么能学会呢？还有，后辈们每做一件事总是说："姑且等到明天吧。"这也是非常错误的。无论什么事情，要做就要马上去做，不要拖下去，如果一直拖延，就会耽误终身。我的本家钱鹤滩先生写了一首《明日歌》，妙不可言。附记在这里："明日复明日，明日何其多。我生待明日，万事成蹉跎。世人苦被明日累，春去秋来老将至。朝看水东流，暮看日西坠。百年明日能几何，请君听我《明日歌》。"

读与思

钱泳记录的《明日歌》流传很广。这首诗歌七次提到"明日"。"明日"是很多人懒惰的借口，更是放任自我的理由。人生在世，不满百年，能有多少个"明日"？如果事事都推给"明日"，那么整个人生就这么白白浪费了。"我生待明日，万事成蹉跎"是非常痛彻的领悟。这首诗劝告世人要活在当下，珍惜每一天，不要在等待明日的过程中浪费时间，蹉跎光阴。

第八章

民国经典家训

1911 年辛亥革命爆发，革命党在南京建立临时政府，各省代表推举孙中山为临时大总统。1912 年元月，中华民国正式建立。1949 年，南京国民政府在大陆的统治结束，逃往台湾，中华人民共和国建立。

　　这一时期，我国不断受到西方列强，尤其是日本帝国主义的侵略掠夺，社会危机、民族危机日益严峻，社会关系、家庭关系发生重大变化。新文化运动蓬勃兴起，马克思主义广泛传播。中国传统文化受到挑战，家庭建设、家训文化逐渐与社会的发展变化相适应，出现新特点：继承传统社会中重视家族、家庭建设的优良传统，注重对后代的品德教育；适应经济社会发展，增加专业教育和生活行为教育的内容；注重学校教育和家庭教育相结合，培养孩子的独立人格等。

孙中山：自立自爱

余因尽瘁国事，不治家产。其所遗之书籍、衣物、住宅等，一切均付吾妻宋庆龄，以为纪念。余之儿女已长成，能自立，望各自爱，以继余志。

——孙中山：《家事遗嘱》

家训由来

本文是孙中山逝世前对家事的遗嘱。孙中山（1866—1925 年），名文，字载之，号日新，又号逸仙，又名帝象，曾化名中山樵，生于广东广州府香山县（今广东省中山市）翠亨村，兴中会、同盟会、中华革命党、中国国民党的建立者和重要领导人，首举反帝反封建大旗，倡导三民主义，是伟大的民族英雄、伟大的爱国主义者、中国民主革命的伟大先驱。

译文

我因为竭尽全力为国家而奋斗，不经营家产，所遗留的书籍、衣物、住宅等，都交给我的妻子宋庆龄，作为纪念。我的孩子们都已经长大成人，能自立，希望你们各自珍重自爱，继承我的遗志。

读与思

1925 年 3 月 12 日，孙中山因病在北京逝世。去世前，他曾写下三份遗嘱，分别是《家事遗嘱》《国事遗嘱》和《致苏联遗书》。

《家事遗嘱》是留给宋庆龄的，只有短短五十二个字，彰显了孙中山一生廉洁无私、清正耿介的崇高品格，表达了对子女自立自爱的殷切希望。

《国事遗嘱》由孙中山口授，汪精卫记录。孙中山说："余致力国民革命凡四十年，其目的在求中国之自由平等。积四十年之经验，深知欲达到此目的，必须唤起民众及联合世界上以平等待我之民族，共同奋斗。现在革命尚未成功。凡我同志，务须依照余所著《建国方略》《建国大纲》《三民主义》及《第一次全国代表大会宣言》继续努力，以求贯彻。最近主张开国民会议及废除不平等条约，尤须于最短期间促其实现。是所至嘱！"孙中山在病危之中，仍念念不忘拯救中国、拯救民众，表现了强烈的爱国之心，表达了"革命尚未成功，同志仍须努力"的殷殷嘱托，认识到"联合苏俄""唤起民众"是取得革命成功的正确道路。这个遗嘱镌刻在了南京中山陵孙中山塑像的底座上。

《致苏联遗书》是写给苏联政府的，孙中山用英文口授，由鲍罗廷等人记录。孙中山满怀深情地说："亲爱的同志，当此与你们诀别之际，我愿表示我热烈的希望，希望不久即将破晓，斯时苏联以良友及盟国而欣迎强盛独立之中国，两国在争世界被压迫民族自由之大战中，携手并进以取得胜利。"

梁启超：尽自己能力做去，做到哪里是哪里

至于将来能否大成，大成到怎么程度，当然还是以天才为之分限。我生平最服膺曾文正两句话："莫问收获，但问耕耘。"将来成就如何，现在想他则甚？着急他则甚？

一面不可骄盈自慢，一面又不可怯弱自馁，尽自己能力做去，做到哪里是哪里，如此则可以无入而不自得，而于社会亦总有多少贡献。我一生学问得力专在此一点。我盼望你们都能应用我这点精神。

——梁启超：《致孩子们书》

家训由来

本文是梁启超写给他的孩子们的一封家书。梁启超（1873—1929年），字卓如，一字任甫，号任公，又号饮冰室主人、饮冰子、哀时客、中国之新民、自由斋主人等。他是清朝光绪年间举人，中国近代思想家、政治家、教育家、史学家、文学家，戊戌变法领袖之一，中国近代维新派、新法家代表人物。

译文

至于将来能否取得重大成就，能取得多大的成就，当然还要受天分的限制。我平生最信奉曾国藩的两句话："只要坚持耕耘，总有一天会有收获。"将来有多大成就，现在想它做什么？急什么？

一方面不能骄傲自满，另一方面不能怯弱、不图振作。尽自己的能力去做，做到哪里是哪里，这样的话，无论处于什么地位，都不会感到不安适的，而对于社会总会有多多少少的贡献。我一生的学问得力于这一点。我盼望你们都能有我的这种精神。

读与思

梁启超常用曾国藩的名言"莫问收获，但问耕耘"教育孩子，在做事情的时候，不要去想它的结果，如果一心一意做事，就不怕不成事。他对自己一生学问得力处的总结——"尽自己能力做去，做到哪里是哪里"，简洁明了，简便易行。

梁启超在 1923 年 11 月 5 日《致梁思顺》的信中，表达了同样的思想："天下事业无所谓大小，只要在自己责任内，尽自己力量去做，便是第一等人物。"承担起自己的责任，尽心尽力做事，即使没有做出惊天动地的事业，也是第一等的人物，没有虚度一生。梁启超的教育思想，不但对孩子有很大鼓励，对家长也有很大启发。

梁启超："猛火熬"和"慢火炖"

凡做学问总要"猛火熬"和"慢火炖"两种工作循环交互着用去。在慢火炖的时候才能令所熬的起消化作用，融洽而实有诸己。思成，你已经熬过三年了，这一年正该用炖的功夫。

——梁启超：《致孩子们书》

家训由来

本文是梁启超写给他的孩子们的关于学习方法的一封家书。梁启超有九个子女，个个了得。长子梁思成、次子梁思永、五子梁思礼三人均为院士，三子梁思忠是毕业于西点军校的国民党军官，四子梁思达是毕业于南开大学的经济学者，长女梁思顺为诗词研究专家，次女梁思庄为著名图书馆学家，三女梁思懿为社会活动家，四女梁思宁是新四军早期革命者。可谓"一门三院士，九子皆才俊"。

译文

凡是做学问，总要"猛火熬"和"慢火炖"两种方法循环交替着使用。在"慢火炖"的时候，才能消化"猛火熬"的成果，把"猛火熬"的成果融会贯通成为自己的知识。思成，你已经熬过三年了，从这一年起该用"慢火炖"的功夫了。

读与思

"猛火熬"和"慢火炖"是梁启超总结的两种学习方法，意思是处理好"学习知识"与"消化知识"的关系。读书做学问，"猛火熬"就是吸收、吞纳，快速学习知识；"慢火炖"则是一个对知识咀嚼消化、酝酿成熟，一变而为营养和应用的过程。

吸收知识如深山探宝，快速行动，多多益善。运用知识急不得，快不得，要想着"心急喝不得热黏粥"这个道理。要想把所学知识运用到实际中，要对所学知识酝酿、整合，横向拓展，纵向总结，联系实际，灵活运用，做到具体问题具体分析，"慢火炖"的功夫，就开始见成效了。"猛火熬"和"慢火炖"的过程不是一蹴而就的，要反复进行多次，才能一步一个台阶，向着顶峰迈进。

黄炎培：外圆内方，无欲则刚

理必求真，事必求是，言必守信，行必踏实。

事闲勿荒，事繁勿慌，有言必信，无欲则刚。

和若春风，肃若秋霜，取象于钱，外圆内方。

——黄炎培：《座右铭》

家训由来

本文出自黄炎培所作的《座右铭》。黄炎培（1878—1965年），号楚南，字任之，笔名抱一，江苏省川沙县（今属上海浦东新区）人，同盟会会员，中国民主建国会的创始人，近现代爱国主义者和民主主义教育家。

译文

做人一定要追求真理，做事要探求其内在的规律；讲话应当诚实守信，行动应当脚踏实地。

事闲的时候，不要虚度光阴；事忙的时候，不要慌张忙乱。说话算数别人就会相信，没有私欲就会变得刚正。

对人和蔼可亲，像春风一样温暖；对事严肃认真，像秋霜一样凌厉。像铜钱外圆内方的形状一样，做人之道是讲原则，要立场坚定；做事之道是灵活，留有回旋余地。

读与思

1943 年，黄炎培特意为出国留学的四子黄大能书写了这幅座右铭，告诫儿子为人处世的道理，要像铜钱那样外圆内方，内心坚持原则，外表圆融灵活。人不能太方也不能太圆，太方则棱角分明，不懂得妥协，容易被别人伤害；太圆则没有原则，失去底线，容易走向歧途。《周易·泰卦》中的"内阳而外阴，内健而外顺，内君子而外小人，君子道长，小人道消也"也是这个道理。一句话，内心要严守规矩，待人要宽松灵活。

这十二句话，都是我国古代为人处世、待人接物的格言警句，可谓句句珠玑，连在一起，毫无雕琢附会之象，浑然天成，全面地表达了黄炎培的处世原则和对后代的严格要求。

陶行知：教育子女，父母一致

做父母的对于子女的教育应有一致的措施。中国家庭教育素主刚柔并济。父亲往往失之过严，母亲往往失之过宽，父母所用的方法是不一致的。虽然有时相成，但弊端未免太大。因为父母所施方法宽严不同，子女竟至无所适从，不能了解事理之当然。并且方法过严，易失子女之爱心，过宽则易失子女之敬意。这都是父母主张不一致的弊病。

——陶行知：《评陈著之〈家庭教育〉——愿与天下父母共读之》

家训由来

本文是陶行知关于在家庭教育中父母措施应一致的观点表述。陶行知（1891 — 1946 年），安徽省歙县人，人民教育家、思想家，伟大的民主主义战士，爱国者，中国人民救国会和中国民主同盟的主要领导人之一。

陶行知毕生致力于教育事业，对我国教育的现代化作出了开创性的贡献。他不仅创立了完整的教育理论体系，而且进行了大量教育实践。他针对旧教育把培养"人上人"作为目标的现象，指出新教育应培养全面发展的"人中人"，即"千教万教，教人求真；千学万学，学做真人"。他认为，研究学问，要有科学的精神；改造环境，要有审美的意境；处世应变，要有高尚的道德修养。

译文

　　父母教育子女应该措施一致。中国家庭以往教育孩子都是用刚柔并济的方法。父亲往往过于严苛，母亲则往往过于宽容，父母用的方法并不一样。有时候可能会达到想要的效果，但这样做带来的坏处还是很大的。因为父母的宽严不同，会导致子女不知如何是好，不能明白事情的原理。而且过于严苛的方法，可能无法得到子女发自内心的爱戴，过于宽容又可能无法得到子女发自内心的敬爱。这些都是父母教育子女措施不一致带来的坏处。

读与思

　　陶行知的这段话是对"手表定律"的一个最好说明。手表定律告诉我们：当你拥有了超过两块手表，并不能帮你准确判断时间，反而会制造混乱。教育子女也是这样，父母意见如果不一致，就会让孩子无所适从。

陶行知的《自立歌》流传很广："滴自己的汗，吃自己的饭，自己的事自己干，靠人、靠天、靠祖上，不算是好汉。"

陈嘉庚：儿孙自有儿孙福，不为儿孙做马牛

公益义务，能输吾财。令子贤孙，何须吾富？同侨君子乎，须知贤而多财则损志，愚而多财则益过，儿孙自有儿孙福，不为儿孙做马牛。

——陈嘉庚：《筹办南洋华侨中学演讲》

家训由来

本文是陈嘉庚《筹办南洋华侨中学演讲》中的一段讲话。陈嘉庚（1874—1961年），福建同安（今厦门）人，著名的爱国华侨领袖、企业家、教育家、慈善家、社会活动家。1913年回家乡，先后创办了集美小学、集美中学等集美学校和厦门大学。1949年应毛泽东的邀请回国参加政协筹备会。陈嘉庚曾任中国人民政治协商会议全国委员会副主席、全国人民代表大会常务委员会委员、中华全国归国华侨联合

会主席等职。

陈嘉庚一生为辛亥革命、民族教育、抗日战争、解放战争、新中国的建设作出了卓越的贡献，被毛泽东誉为"华侨旗帜、民族光辉"。

译文

做公益事业是我的义务，用尽财富在所不惜。如果儿子优秀、孙子贤能，哪里需要我的财富？同在国外侨居的各位君子，我们要知道，贤良而多财就会磨损子孙的意志，愚笨而多财就会增加子孙的过错，儿孙自有儿孙福，不为儿孙做马牛。

读与思

陈嘉庚一生节俭，而把巨额财富用在最有价值的民族解放事业和公益事业上。

陈嘉庚认为，钱财应当用在公益事业和尽国民义务上。如果后代子孙贤良，就不需要继承先人的财产。儿孙自有儿孙福，不为儿孙做马牛。陈嘉庚还留给子孙后代一句传世教言："该花的钱，千千万万都要花；不该花的钱，一分一厘也要省。"

鲁迅：孩子长大，倘无才能，可寻点小事情过活

不得因为丧事，收受任何人的一文钱。——但老朋友的，不在此例。

赶快收殓，埋掉，拉倒。

不要做任何关于纪念的事情。

忘记我，管自己生活。——倘不，那就真是糊涂虫。

孩子长大，倘无才能，可寻点小事情过活，万不可去做空头文学家或美术家。

别人应许给你的事物，不可当真。

损着别人的牙眼，却反对报复，主张宽容的人，万勿和他接近。

——鲁迅：《死》

家训由来

本文出自鲁迅所作的《死》。鲁迅（1881—1936年），原名周樟寿，又名周树人，字豫山，又字豫才，浙江绍兴人，著名文学家、思想家、革命家、教育家、民主战士，新文化运动的重要参与者，中国现代文学的奠基人之一。"鲁迅"是他1918年发表《狂人日记》时所用的笔名，也是最广为人知的笔名。

　　毛泽东曾评价说："鲁迅先生的第一个特点，是他的政治的远见……鲁迅的第二个特点，就是他的斗争精神……鲁迅的第三个特点是他的牺牲精神……综合上述这几个特点，形成了一种伟大的'鲁迅精神'。"[①]"鲁迅的方向，就是中华民族新文化的方向。"[②]

译文

　　不可以因为丧事，接收任何人的一分钱——老朋友的除外。

　　赶快收殓，然后埋掉，尽快结束这件事情。

　　不要做关于纪念的任何事情。

　　忘记我，好好地生活。——如果不这么做，可真是糊涂啊。

　　孩子长大后，如果无才无能，可以做一些微小的工作，千万不能去做空头文学家或美术家。

　　别人答应你的事情，不要当真。

　　做着损害别人利益的事情，对外却反对报复，还称为人处事要宽容，这样的人千万要远离他。

---

① 《毛泽东文集》第二卷，人民出版社 1993 年版，第 43—44 页。
② 《毛泽东选集》第二卷，人民出版社 1991 年版，第 698 页。

读与思

鲁迅在病逝前，就留下了遗嘱。不过与他人遗嘱不同的是，鲁迅是在自己的文章中写下的。这篇文章叫《死》，写于 1936 年 9 月 5日，于同年的 9 月发表在《中流》第二期上。

鲁迅的遗嘱，除了向亲人叮嘱自己的后事外，还把自己毕生的战斗经验留给了后代。他希望亲属对"别人应许给你的事物，不可当真"，对"损着别人的牙眼，却反对报复，主张宽容的人，万勿和他接近"。这是鲁迅从复杂的生活和斗争中总结出来的至理名言，也是指导我们生活和斗争的准则。

从这份遗嘱中，可以感受到，鲁迅的一生是战斗的一生，鲁迅是真正的勇士，"真正的勇士，敢于直面惨淡的人生，敢于正视淋漓的鲜血"。

丰子恺：大学毕业后，子女各自独立生活

年逾五十，齿落发白。家无恒产，人无恒寿，自今日起，与诸儿约法如下：

父母供给子女，至大学毕业为止。放弃者作为受得论。大学毕业

后，子女各自独立生活，并无供养父母之义务，父母亦更无供给子女之义务。

大学毕业后，倘能考取官费留学或近于官费之自费留学，父母仍供给其不足之费用，至返国为止。

子女婚嫁，一切自主自理，父母无代谋之义务。

子女独立后，生活有余而供养父母，或父母生活有余而供给子女，皆属友谊性质，绝非义务。

子女独立后，以与父母分居为原则。双方同意而同居者，皆属邻谊性质，绝非义务。

父母双亡后，倘有遗产，除父母遗嘱指定者之外，由子女平分受得。

——丰子恺与子女"约法"

家训由来

本文是丰子恺与其子女的"约法"。丰子恺（1898—1975年），浙江嘉兴人，我国现代著名画家、文学家、翻译家、漫画家、美术和音乐教育家，被誉为"现代中国最艺术的艺术家""中国现代漫画的鼻祖"。他用四件事概括自己的生活："我的心为四事所占据了：天上的神明与星辰，人间的艺术与儿童。"

丰子恺的漫画别具风格，耐人寻味，取材多是人世间的辛酸苦事，为劳苦大众抱不平，因而深受人们的喜爱。

译文

我已经五十多岁了，牙齿掉落头发发白。家里没有固定不变的资产，人也没有永远的长寿，从今天起，我与你们约法如下：

父母供养你们，直到大学毕业。放弃父母供养的人，要接受自己面对的一切。大学毕业后，你们各自生活，没有供养父母的义务，父母也没有供养你们的义务。

大学毕业后，如果公费留学，或是自费留学，父母仍会给你们提供余下的费用，直到留学归来。

你们嫁娶，一切由你们自己做主，父母没有义务替你们在这个方面出谋划策。

你们有了自己的生活之后，有余力供养父母，或者我们有余力供养你们，这都属于情谊，而不是义务。

你们自己生活之后，要把与父母分居作为原则。双方同意住在一起的，属于邻居情谊，而不是义务。

父母双亡后，如果留有遗产，除了父母遗嘱指定的人外，其余你们平分。

读与思

1947年，丰子恺在杭州与子女立下"约法"。从中可以看出，丰子恺超越了旧中国"养儿防老"的观念，给儿女平等的爱，鼓励子女独立。既不向儿女索取回报，也不为儿女安排舒适的生活，让儿女们走自己该走的路，过自己该过的生活。这对于当前的"啃老族"尤其具有教育意义。

第九章

新中国
经典家训

1949 年 10 月 1 日，在北京天安门广场举行开国大典，毛泽东在天安门城楼上庄严宣告中华人民共和国中央人民政府成立，中华人民共和国正式成立了。

　　新中国成立后，中国共产党成为执政党，毛泽东、周恩来、刘少奇等老一辈无产阶级革命家倡导"两个务必"，以"赶考"的清醒，深深的忧患意识，以身作则，为我们树立了家风楷模。他们以德传家、以学兴家、以俭持家、以严治家、以廉守家的优良家风，激励着共产党人自觉做优良家风的传承者、引领者和守护者。

毛泽东：年轻时多向自然科学学习，少谈些政治

惟有一事向你们建议，趁着年纪尚轻，多向自然科学学习，少谈些政治。政治是要谈的，但目前以潜心多习自然科学为宜，社会科学辅之。将来可倒置过来，以社会科学为主，自然科学为辅。

——《毛泽东书信选集》

家训由来

本文是毛泽东教导其子女们要注重对自然科学的学习的一封家书。毛泽东（1893 年 12 月 26 日—1976 年 9 月 9 日），字润之（原为咏芝、润芝），笔名子任，湖南省湘潭市韶山冲人。毛泽东是伟大的马克思主义者，伟大的无产阶级革命家、战略家、理论家，马克思主义中国化的伟大开拓者，近代以来中国伟大的爱国者和民族英雄，中国共产党第一代中央领导集体的核心，领导中国人民彻底改变自己命运

和国家面貌的一代伟人。

延伸阅读

世代相传的《韶山毛氏家训家戒》，对毛氏家族的伦理、道德、行为及人生追求有着指导意义，也对毛泽东产生了深远影响。毛氏家训里的"十则"和"十戒"，集中体现了毛氏家风。"十则"包括培植心田、品行端正、孝养父母、友爱兄弟、和睦乡邻、教训子孙、矜怜孤寡、婚姻随宜、奋志芸窗、勤劳本业。"十戒"：一戒游荡，二戒赌博，三戒争讼，四戒攘窃，五戒符法，六戒酗酒，七戒为胥隶，八戒为僧道，九戒谋风水，十戒占产业。

————— 读与思 —————

毛泽东一直重视家训家风，严以律己，以身作则，对子女严格教育、对亲友正确引导，绝不做任何有损党的声誉之事，特别是在亲情方面，他始终坚持三个原则：恋亲不为亲徇私，念旧不为旧谋利，济亲不为亲撑腰。为全党和全国人民树立了表率。

毛泽东注重做人做事的基石。他教育子女年轻时要多学习自然科学，因为自然科学是其他学科的基础，同时也是运筹帷幄的基石。

周恩来：不谋私利，不搞特殊化

晚辈不能丢下工作专程进京看望他，只能在出差路过时才可以去看看。

外地亲属进京看望他，一律住国务院招待所，住宿费由他支付。

一律到国务院机关食堂排队就餐，有工作的自付伙食费，没工作的由他代付。

看戏以家属身份购票入场，不得享用招待券。

不许请客送礼。

不许动用公车。

凡个人生活中自己能做的事，不要别人代劳，自我服务。

生活要艰苦朴素。

在任何场合都不能说出与他的关系，不要炫耀自己。

不谋私利，不搞特殊化。

——周恩来：《告亲戚朋友书》

家训由来

本文是周恩来对其家属规定不谋私利的一封家书。周恩来（1898—1976年），字翔宇，曾用名飞飞、伍豪、少山、冠生等，原籍浙江省绍兴市，出生于江苏省淮安市。周恩来是伟大的马克思主义者，无产阶级革命家、政治家、军事家、外交家，中国共产党、中华人民共和国和中国人民解放军的主要缔造者和领导人之一，以毛泽东同志为核心的党的第一代中央领导集体的重要成员。

延伸阅读

周恩来十三岁时坚定地说出："为中华之崛起而读书！"十五岁开始在南开学校读书，业余时间研究革命理论，组织革命活动，加入学校新剧团，改革话剧，将德和智加入话剧当中。十九岁毕业，同年留学日本。周恩来在日本接触到马克思主义，开始向马克思主义者转变。二十二岁周恩来远赴法国勤工俭学，确立马克思主义信仰，从此走上了共产主义革命道路。二十六岁回国担任黄埔军校政治部主任。二十九岁领导南昌起义，正式以武装斗争反抗国民党的反动统治。余生一直为救国救民而奋斗，为实现共产主义而奋斗！

周恩来是党的领导人、国务院总理，管理着一个"大家"，他始终把自己当作人民的勤务员，以身作则，严以律己，从自己做起，从自己家里做起，决不让亲属之事影响"大家"。

读与思

周恩来的十条家规，不仅是对亲属的严格要求，更是培养干部良好家风的极好教材。它像一面镜子，告诫我们如何为人民掌好权、用好权，如何过好权力关、廉洁关、亲情关。

十条家规体现了周恩来的高尚品德、崇高人格和精神风范。周恩来犹如一座丰碑、一面旗帜、一盏明灯，始终熠熠生辉，始终充满力量，始终激励和鼓舞全党全国人民战胜一切艰难险阻，为人民奉献一切。

刘少奇：要对社会有所贡献

在我们社会里，只要有贡献，大家都会看到。占小便宜，吃大亏；吃点小亏，占大便宜，这是合乎马列主义、无产阶级世界观的。

——《刘少奇年谱》

家训由来

这是刘少奇关于个人价值的一段话。刘少奇（1898—1969年），湖南省宁乡县人。伟大的马克思主义者，伟大的无产阶级革命家、政治家、理论家，党和国家主要领导人之一，中华人民共和国开国元勋，以毛泽东同志为核心的党的第一代中央领导集体的重要成员。

刘少奇是坚持终身学习的楷模，书籍陪伴他的时间最长。从少年时期，刘少奇的爱好就是读书，没有书就找书读，就连鞋被烧了也没有打扰到他看书。成年后的刘少奇更是手拿着书不放，养成了每天读书、写作到深夜的习惯。遇到重要的问题常常到院子里踱来踱去，反复思索。革命成功了，他读书更多了，他常说："不是说胜利了，马克思的书就不要读了，恰恰相反，特别是革命胜利了，更要多读理论书籍，熟悉理论，否则由于环境的复杂，危险更大。"

刘少奇将范仲淹的"先天下之忧而忧，后天下之乐而乐"作为自己的警句，他做到了，他始终为国为民，将自己的一生奉献给了共产主义事业。

读与思

刘少奇时时处处以"国家主席也是人民的勤务员"为座右铭，提醒自己，告诫亲属。为了帮助子女确立无产阶级世界观和价值观，刘少奇经常告诫子女："在任何时候，任何问题上都要首先考虑集体的利益，把集体的利益摆在前面，把个人愿望、个人利益摆在服从的地位；当个人愿望和个人利益同集体利益发生矛盾时，应该肯于为了集体的利益而牺牲个人的利益。"

刘少奇在 1955 年 5 月写给儿子刘允若的信中指出，"不要怕自己吃了一点亏，不要去占别人的便宜""要肯于为大家的事情吃一点亏"。

刘少奇教育子女勇于吃亏的思想，体现了把人民利益放在首位，为了人民利益勇于牺牲自身利益的崇高风范和党性原则。

朱德："五心""三不准"

"五心"家规：对信仰追求要有恒心，对党和人民要有忠心，对社会主义事业要有热心，对人民群众要有爱心，忠于职守要有公心。

"三不准"家训：一、不准搭乘他使用的小汽车；二、不准亲友相求；三、不准讲究吃、穿、住、玩。

——朱舒坤：《朱德的"五心"家规》

家训由来

朱德（1886—1976 年），字玉阶，原名代珍，曾用名建德，四川省仪陇县人。朱德是伟大的马克思主义者，伟大的无产阶级革命家、政治家、军事家，中国人民解放军的主要缔造者之一，中华人民共和国的开国元勋，中华人民共和国元帅，以毛泽东同志为核心的党的第一代中央领导集体的重要成员。

延伸阅读

在朱德六十岁生日时，董必武作了《祝朱总司令六秩荣寿》，其中有一句："要作主人不作客，甘为民仆耻为官。"朱德写诗和道："实行民主真行宪，只见公仆不见官。"

读与思

作为中国共产党第一代中央领导集体的重要成员和新中国成立后中央纪委的第一任书记，朱德深知处理好大家小家的关系、教育好子女、过好"亲情关"的重要性。他立下"五心"家规，规定"三不准"家训，不搞特殊、不谋私利，对亲属讲原则、严要求，秉持立德树人、勤俭持家的理念，形成了清正廉洁、积极向上、忠于党、忠于人民的优良家风。

任弼时：三怕

一怕工作少，二怕麻烦人，三怕用钱多。

——叶介甫：《任弼时：共产党员的楷模》

家训由来

"三怕"是任弼时的工作态度。任弼时（1904—1950 年），湖南省湘阴（今属汨罗）人。伟大的马克思主义者，杰出的无产阶级革命家、政治家、组织家，中国共产党和中国人民解放军的卓越领导人，以毛泽东同志为核心的党的第一代中央领导集体的重要成员。

延伸阅读

任弼时在赴俄留学前曾给父亲写下一封长信，其中写道："只以人生原出谋幸福，冒险奋勇男儿事，况现今社会存亡生死亦全赖我辈青年将来造成大福家世界，同天共乐……来日当可得览大同世界……"深情诚挚抒发自己的壮志。

任弼时始终对事业和工作恪守着"能坚持走一百步，就不该走九十九步"的准则。

❦

——— 读与思 ———

1950年10月，任弼时不幸去世，年仅四十六岁，令人悲痛不已。毛泽东题词"任弼时同志的革命精神永垂不朽"，叶剑英盛赞他是"党的骆驼，中国人民的骆驼"。任弼时将自己的一生都奉献给了党和国家，他的人生训条深深影响了他的家人和全党同志，令人敬佩。

任弼时的"三怕"精神，是留给后人和全党的宝贵精神财富。

任弼时投身革命三十年，担任过许多重要职务，经办的人事、经手的钱财成千上万，但他一直"为党为民，廉洁奉公"，其言行诠释了坚定的信仰，彰显了优良的作风，展示了崇高的品德。

陈云：做人要正直正派

做人要正直正派，无论到哪里，都要遵守当地的规矩和纪律；答应别人的事，一定要说到做到，如果情况有变化，要如实地告诉人家。这些事看起来虽很细小，却是待人处事很重要的原则。

——《永远的陈云》

家训由来

正直正派是陈云待人处事的原则。陈云（1905—1995年），原名廖陈云，上海市青浦区人，伟大的无产阶级革命家、政治家，杰出的马克思主义者，中国社会主义经济建设的开创者和奠基人之一，党和国家久经考验的卓越领导人，以毛泽东同志为核心的党的第一代中央领导集体和以邓小平同志为核心的党的第二代中央领导集体的重要成员。

延伸阅读

陈云的妻子于若木说："我们家的家风有一个特点，就是以普通劳动者自居，以普通的机关干部要求自己，不搞特殊化。"陈云常说："个人名利淡如水，党的事业重如山。"

读与思

陈云一生清正廉洁，严守规矩，公私分明，酷爱学习，不搞特殊化，以普通劳动者标准修身自重，形成了良好的家风。

陈云对子女从不溺爱，从不以权为子女谋取任何私利。经常教诲他们要淡泊名利，甘于奉献。权力是人民给的，必须用于人民，为人民谋福利。正是在陈云的严格要求下，才培养了其子女自强自立的精神品质，才带出了全家"拒腐蚀、永不沾"的廉洁情操。

邓小平：本事总要靠自己去锻炼

对中国的责任，我已经交卷了，就看你们的了。我十六岁时还没有你们的文化水平，没有你们那么多的现代知识，是靠自己学，在实际工作中学，自己锻炼出来的，十六七岁就上台演讲。在法国一呆就是五年，那时话都不懂，还不是靠锻炼。你们要学点本事为国家做贡献。大本事没有，小本事、中本事总要靠自己去锻炼。

——《邓小平年谱》

家训由来

邓小平用自己的亲身经历教导后代本事要靠自己去锻炼。邓小平（1904—1997年），原名先圣，学名希贤，四川省广安市人。邓小平是享有崇高威望的卓越领导人，伟大的马克思主义者，伟大的无产阶级革命家、政治家、军事家、外交家，久经考验的共产主义战士，中国社会主义改革开放和现代化建设的总设计师，中国特色社会主义道路的开创者，邓小平理论的主要创立者。

延伸阅读

六十多年前，邓小平在中央军委扩大会议上提出"要敢想、敢说、敢干，富有创造性"①。

邓小平曾在谈工作态度时说："我出来工作，可以有两种态度，一个是做官，一个是做点工作。我想，谁叫你当共产党人呢。既然当了，就不能够做官，不能够有私心杂念，不能够有别的选择。"②

读与思

邓小平的一生充满了波折，他总结自己的革命生涯时用了"三落三起"一词。他在"三落"中能无所畏惧，并历经曲折实现"三起"，必定有一种精神的支撑，这种精神就是邓小平对党和革命事业的坚定信念，就是"无私才能无畏"的精神品格，就是大局为重的党性原则，就是高超的领导能力。这些都要"在实际工作中学"，要"靠自己去锻炼"。

---

① 《邓小平文集（1949—1974）》中卷，人民出版社 2014 年版，第 390 页。
② 《转折年代：1976—1981 年的中国》，中央文献出版社 2008 年版，第 42 页。

董必武：勤则不匮，俭以养廉

民生在勤，勤则不匮。性习于俭，俭以养廉。

——董必武题写的座右铭

家训由来

这句话是董必武题写的座右铭。董必武（1886—1975年），湖北省黄安（今红安）县人，十七岁考中秀才，中共一大代表。董必武是中国共产党的创始人之一，中华人民共和国的缔造者之一，杰出的无产阶级革命家、马克思主义政治家和法学家，是以毛泽东同志为核心的党的第一代中央领导集体的成员和国家的重要领导人。

延伸阅读

董必武晚年曾赋诗明志曰："九十光阴瞬息过，吾生多难感蹉跎。五朝敝政皆亲历，一代新规要渐磨。彻底革心兼革面，随人治岭与治河。遵从马列无不胜，深信前途会伐柯。"董必武坚信，只要坚定地遵从马列主义，革命事业就无往而不胜。

读与思

董必武一生勤奋，曾有诗云："逆水行舟用力撑，一篙松劲退千寻。古云'此日足可惜'，吾辈更应惜秒阴。"

董必武长期担任重要职务，始终保持清廉的政治本色。革命战争年代，他是中共中央长江局、南方局主要领导人之一，曾任中央党校校长、华北人民政府主席等职务。新中国成立后，历任政务院副总理，最高人民法院院长，全国政协副主席，中华人民共和国副主席、代主席，中央政治局委员、常委，全国人大常委会副委员长等职务。

董必武始终保持艰苦朴素的作风。每天早起后，董必武泡上一杯普通的西湖龙井，一天之内只续水、不加茶叶。牙刷用到毛都卷了也不换，断了以后放在火上烤一烤、粘上继续用。董必武认为，勤俭节约是好习惯，即使衣服有补丁，但只要干净整洁，别人同样会尊重你。董必武的孩子曾回忆说："我父亲节俭，对待公家物品，即使是一张桌子，搬动时也要全部抬起来，怕桌脚在拖动时被磨坏。"

作为"延安五老"之一的董必武制定的座右铭，虽然只有短短的十六个字，却使我们得以从一个独特的视角来感知老一辈无产阶级革命家的人格魅力与作风修养。

吴玉章：事事莫争虚体面

创业难，守业亦难，明知物力维艰，事事莫争虚体面；

居家易，治家不易，欲自我身作则，行行当立好楷模。

——吴玉章为其宗亲侄孙吴本清题赠的对联

家训由来

这是吴玉章为其宗亲侄孙吴本清题赠的对联。吴玉章（1878—1966年），原名永珊，字树人，四川省荣县人，杰出的无产阶级革命家、教育家、历史学家和语言文字学家，新中国高等教育的开拓者。吴玉章是德高望重的老一辈革命家，在延安时期，与董必武、林伯渠、徐特立、谢觉哉一起，被尊称为"延安五老"。从1950年中国人民大学正式命名组建起，担任校长长达十七年，直至1966年逝世，为中国人民大学的诞生和发展作出了不可磨灭的贡献。

延伸阅读

吴玉章年轻时曾写诗："不辞艰险出夔门，救国图强一片心。莫谓东方皆落后，亚洲崛起有黄人。"

毛泽东曾高度评价吴玉章对中国革命的贡献，称赞他："一个人做点好事并不难，难的是一辈子做好事，不做坏事，一贯地有益于广大群众，一贯地有益于青年，一贯地有益于革命，艰苦奋斗几十年如一日，这才是最难最难的啊！"[①]

读与思

吴玉章为其宗亲侄孙吴本清写的居家格言，包含了中华民族的传统美德，提出要珍惜来之不易的财物，不能铺张浪费，不能讲排场、追求"虚体面"。追求"虚体面"的人，往往浮于世事、恋于虚荣，容易随波逐流，丢弃初心和本色，忘记来路和信仰，最后走到邪路上去。

1940年1月15日，党中央在延安中央大礼堂为吴玉章补办"六十寿辰庆祝会"。其实，1938年12月30日才是吴玉章六十岁生日，因为当时吴玉章在重庆出席国民参政会，1939年11月才返回延安。党中央为吴老祝寿和毛泽东的高度评价表达了我党对"一息尚存须努力"的老共产党员的尊敬和爱戴，更为广大党员树立了道德楷模和精神典范。

---

① 《毛泽东文集》第二卷，人民出版社1993年版，第261—262页。

谢觉哉：锻炼脑子，锻炼体力

四体不勤，五谷不分，只知吃饭，不懂耕耘，他的外号，叫寄生虫；

到校读书，回家锄地，锻炼脑子，锻炼体力，这样的人，才能成器。

——谢觉哉：《教子诗·示儿》

家训由来

本文出自谢觉哉所作的《教子诗·示儿》。谢觉哉（1884—1971年），字焕南，别号觉斋，湖南省宁乡市人，1925年加入中国共产党，中国共产党的优秀党员，"长征四老"之一，"延安五老"之一。谢觉哉是著名的法学家和教育家、杰出的社会活动家、法学界的先导、人民司法制度的奠基者。

延伸阅读

谢觉哉的一生，不谋私利，不图虚名，廉洁奉公，艰苦朴素，实事求是，数十年如一日，甘做人民的公仆。他规定子女不能随便用他的车子，也常常对子女说："我是共产党人，你们是共产党人的子女，不许有特权思想。"

读与思

1962年春节期间，谢觉哉的一个在外地上大学的孩子回到家埋怨房子不好，甚至闹着要搬家，另一个上中学的孩子也因为上街买不到皮鞋而口出怨言。谢觉哉就把几个孩子叫回来，出了一个"看过去，看别人"的题目，叫孩子们讨论。谢觉哉还特地写了这首《示儿》，教育孩子们既要重视学习，也要参加劳动，锻炼体力，投身实践，全面发展，远离"骄气"和"娇气"，不能做寄生虫。谢觉哉去世后，其夫人王定国一直将它挂在书房作为家训，警示子孙。

徐悲鸿：人不可有傲气，但不能无傲骨

人不可有傲气，但不能无傲骨。

——徐悲鸿的座右铭

家训由来

这句话是徐悲鸿的座右铭。徐悲鸿（1895—1953年），原名寿康，江苏省宜兴市人，现代著名画家、美术教育家，被誉为"中国近

代绘画之父"。徐悲鸿学贯中西，其主要绘画作品有《田横五百士》《九方皋》《漓江春雨》《晨曲》《泰戈尔像》《奔马》等。

延伸阅读

　　徐悲鸿出身贫寒，是家中长子，下面有弟妹五人。十几岁起，他就跟随体弱多病的父亲走街串巷，逢集赶场，风餐露宿，漂泊四乡，以替人书写春联、刻制图章、画山水花鸟、画肖像等维持生计。父亲去世后，生活更加艰难，小小年纪便饱尝人生苦难。为了求学，他曾向亲戚乡邻借贷被拒绝，使他悲从中来，于是改名为悲鸿，意为自己是一只悲鸣的鸿雁。徐悲鸿饱经磨难，对人生的感悟，对傲气和傲骨的理解更加深刻。

　　徐悲鸿曾言道："别人看我是荒谬，我看自己是绝伦。"这句话充分体现了徐悲鸿的傲骨所在。

读与思

　　人生在世，傲气不可有，骨气不可无。骨气，是人性中的大美；傲气，则是人性中的大忌。有骨气的人，活得有尊严、有高度、有气质；傲气十足的人，缺少修养和教养，眼里只有自己而没有他人，让人看不起、看不惯，以致没有朋友，人人畏之远之，只好孤芳自赏，终成孤家寡人。

李苦禅：不能怕苦

干艺术是苦事，喜欢养尊处优不行。古来多少有成就的文化人都是穷出身。怕苦，是出不来的。

——李苦禅告诫儿子李燕

家训由来

这是李苦禅对儿子关于干艺术的态度的告诫。李苦禅（1899—1983年），山东省高唐县人，原名李英、李英杰，字超三、励公，中国近现代花鸟画家、书法家、美术教育家，其代表绘画作品有《兰竹》《英视瞵瞵卫神州》《双栖图》《墨荷》《红梅怒放图》《晴雪图》《墨竹图》等。

延伸阅读

俗话说"现在不吃学习的苦，将来就要吃生活的苦"，李苦禅曾说过："鸟欲高飞先振翅，人求上进先读书。"李苦禅在北京求学时，经济拮据，只得靠晚上拉人力车赚取学费和生活费。他曾效仿范仲淹，划粥而食，又效仿吴敬梓，靠跑步打拳取暖。同学林一庐见他生活这样清苦，却能够执着求学，深感佩服，赠给他名字"苦禅"，意为能吃苦，会思考。

李苦禅是一位爱国的画家，曾言："中国的文人，历来重气节。一个画家如果不爱民族，不爱祖国，就是丧失民族气节。画的价值，重在人格。人格，爱国第一。"

读与思

自古雄才多磨难，从来纨绔少伟男。经受"苦其心志，劳其筋骨，饿其体肤，空乏其身"的考验方能成为大才。李苦禅曾把出身苦作为成功的好条件。他结合自己的从艺过程讲道："我有个好条件——出身苦，又不怕苦。当年，我每每出去画画，一画就是整天，带块干粮，再向老农要根大葱，就算一顿饭啦。"在父亲的教导下，李燕不怕风吹日晒，不畏跋山涉水，长期坚持野外写生，终于在画坛脱颖而出，颇有成就。

傅雷：先做人，再做钢琴家

第一，做人；第二，做艺术家；第三，做音乐家；最后才是钢琴家。

——傅雷：《傅雷家书》

家训由来

这是傅雷对后代关于要重视个人道德修养的告诫。傅雷（1908—1966年），字怒安，号怒庵，江苏省南汇县（今上海市浦东新区）人，著名翻译家、作家、教育家、美术评论家，中国民主促进会的重要缔造者之一。傅雷早年留学法国巴黎大学，翻译了大量的法文作品，其中包括巴尔扎克、罗曼·罗兰、伏尔泰等名家著作。

延伸阅读

傅雷说过："弄学问也好，弄艺术也好，顶要紧是humain（编者注：法文，人），要把一个'人'尽量发展，没成为某某家以前，先要学会做人；否则那种某某家无论如何高明也不会对人类有多大贡献。"

由傅雷及夫人1954—1966年间写给孩子傅聪、傅敏的家信汇编而成的《傅雷家书》，蕴含着傅雷的人才观和家庭教育观，被誉为

"一部充满着父爱的苦心孤诣、呕心沥血的教子篇"。

—————— 读与思 ——————

从这四句临别赠言中，可以看出，傅雷非常重视道德修养的培养，在他的教育理念中，做人应该是德才兼备且以德为先的。对于艺术家来说，优秀的道德素质是最根本的，只有具备了高尚的道德素质才能创作出高尚的艺术作品。

老舍：诚实的车夫强于贪官污吏

我想，他们（编者注：指老舍先生的孩子们）能粗识几个字，会点加减法，知道一点历史，便已够了。只要身体强壮，将来能学一份手艺，即可谋生，不必非入大学不可。假若看到我的女儿会跳舞演讲，有做明星的希望，我的男孩能体健如牛，吃得苦，受得累，我必非常欢喜！我愿自己的儿女能以血汗挣饭吃，一个诚实的车夫或工人一定强于一个贪官污吏。

——老舍：《家书一封》

家训由来

本文是老舍写给他的妻子关于教育孩子们的一封家书。老舍（1899—1966年），本名舒庆春，字舍予，笔名老舍，满族正红旗人，生于北京，中国现代小说家、文学家、戏剧家，杰出的语言大师，新中国第一位获得"人民艺术家"光荣称号的作家。代表作有小说《骆驼祥子》《四世同堂》，话剧《茶馆》《龙须沟》等。

延伸阅读

老舍曾说过："才华是刀刃，辛苦是磨刀石，再锋利的刀刃，若日久不磨，也会生锈。"

读与思

老舍主张尊重儿童，对待儿童必须有平等的态度，像对待好朋友一样。教育孩子不能违背孩子的天性，不能勉强孩子做那些他们先天素质决定无法做到的事情；孩子要身体强壮，学会一门手艺；做一个诚实的人，而不是做大官，更不能成为危害人民和社会的贪官污吏。

焦裕禄："十不准"

不准用国家或集体的粮款大吃大喝，请客送礼；

不准参加封建迷信活动；

不准赌博；

不准挥霍浪费粮食，用粮食做酒做糖；

不准用集体粮款或向社员摊派粮款演戏、演电影。谁看戏谁拿钱，谁吃饭谁拿钱；

业余剧团只能在本乡、本队演出，不准借春节演出为名，大买服装道具，铺张；

各机关、学校、企业单位和党员干部都要以身作则，勤俭过节，一律不准请客送礼，不准拿国家物资到生产队换取农副产品，不准用公款组织晚会，不准送戏票。礼堂十排以前的票不能只卖给国家干部，要按先后顺序卖票，一律不许到商业部门搞特殊；

不准利用职权到生产队或其他部门索取物资；

积极搞好集体副业生产，增加收入，改善生活，不准弃农经商，不准投机倒把；

不准借春节之机，大办喜事、祝寿吃喜，大放鞭炮，挥霍浪费。

——焦裕禄：《干部十不准》

家训由来

焦裕禄为了纠正从看戏上反映出来的不正之风，发出了"十不准"的通知。焦裕禄（1922—1964年），山东省博山县人，曾任中共河南省兰考县委书记，革命烈士。焦裕禄在兰考担任县委书记时所表现出来的"亲民爱民、艰苦奋斗、科学求实、迎难而上、无私奉献"的精神，被概括为"焦裕禄精神"，纳入中共中央批准的中央宣传部梳理的第一批中国共产党人精神谱系。

2009年9月10日，在中央宣传部、中央组织部等十一个部门联合组织的评选活动中，焦裕禄被评为"100位新中国成立以来感动中国人物"。焦裕禄作为"人民的好公仆""优秀共产党员"和"县委书记的榜样"永远活在人民心中。

延伸阅读

焦裕禄无意间听到儿子因认识售票员看戏未买票，便教育儿子不能搞特殊，"看白戏"，并立即拿出钱叫儿子到戏院补票。为了禁止这类情况的发生，焦裕禄推动县委制定了《干部十不准》这一文件。

焦裕禄的一生将毛泽东思想活学活用，临终前曾对自己的女儿说："我留给你的，只有一部《毛泽东选集》……你要好好学习毛主席著作，那里边，毛主席会告诉你怎样工作，怎样做人，怎样生活。"

读与思

《干部十不准》是一份既平常又不平常的文件。说它平常，是因为这份文件所规定的每一条，都是每个共产党员、革命干部应该时刻遵守的起码准则；说它不平常，是因为这份文件所规定的每一条原则，都闪耀着共产主义的思想光辉，都是对特权思想的有力批判。焦裕禄把职位看作是为人民服务的岗位，把职权看作是党和人民的委托，显示了一名共产党员大公无私的革命精神和严于律己的崇高风范。

2014 年 3 月 18 日，习近平总书记在河南省兰考县委常委扩大会议上的讲话中指出："焦裕禄精神，过去是、现在是、将来仍然是我们党的宝贵精神财富，永远不会过时。"①

---

① 习近平：《做焦裕禄式的县委书记》，中央文献出版社 2015 年版，第 38 页。

参考文献

[1] 中央纪委监察部网络中心编:《中国家规》,中国方正出版社 2017 年版。

[2] 〔宋〕朱熹著,朱杰人编注:《朱子家训》,华东师范大学出版社 2014 年版。

[3] 牛晓彦编著:《钱氏家训新解》,北京理工大学出版社 2014 年版。

[4] 〔南北朝〕颜之推著,庄辉明、章义和译注:《颜氏家训译注》,上海古籍出版社 2016 年版。

[5] 王利器:《颜氏家训集解》,中华书局 2014 年版。

[6] 檀作文译注:《颜氏家训》,中华书局 2022 年版。

[7] 成云雷:《家风家训的故事》,长江文艺出版社 2019 年版。

[8] 〔清〕曾国藩著,唐浩明编:《曾国藩家书》,岳麓书社 2015 年版。

[9] 〔清〕左宗棠著,刘泱泱等校点:《左宗棠全集》,岳麓书社 2014 年版。

[10] 〔清〕李鸿章著,董丛林评析:《李鸿章家书》,长江文艺出版社 2022 年版。

[11] 〔清〕张之洞著,庞坚校点:《张之洞诗文集》,上海古籍出版社 2008 年版。

[12] 郑强胜注评:《郑氏规范》,中州古籍出版社 2016 年版。

[13] 方羽:《中国古代家训三百篇》,商务印书馆国际有限公司,2019 年版。

[14]　王馨：《中国家风家训》，台海出版社 2017 年版。

[15]　程学军：《家风家训》，首都经济贸易大学出版社 2024 年版。

[16]　郦波：《郦波评说曾国藩家训精华》，浙江教育出版社 2018 年版。

[17]　〔清〕张英、张廷玉著，江小角、陈玉莲点注：《父子宰相家训——聪训斋语　澄怀园语》，安徽大学出版社 2017 年版。

[18]　余进江选编、译注：《历代家训名篇译注》，上海古籍出版社 2020 年版。

[19]　孔丽：《圣人家风》，齐鲁书社 2020 年版。

[20]　本书编写组编著：《天府家训》，四川人民出版社 2017 年版。

[21]　中共福建省委文明办、福建省地方志编纂委员会、福建省妇女联合会编译：《福建家训》，海峡文艺出版社 2014 年版。

[22]　夏家善主编、注释：《名臣家训》，天津古籍出版社 2017 年版。

[23]　甄理主编：《新编家训箴言》，中国社会出版社 2008 年版。

[24]　崇文编著：《中国好家风：历代传世经典家训》，时事出版社 2018 年版。

[25]　李存山主编：《家风十章》，广西人民出版社 2022 年版。

[26]　婚姻与家庭杂志社编：《党员家风　初心传承》，中国妇女出版社 2023 年版。

[27]　婚姻与家庭杂志社编：《红色家风　薪火相传》，中国妇女出版社 2023 年版。

[28]　颜炳罡、周海生、陆信礼、于媛：《家风传承——党员干部家风读本》，山东友谊出版社 2018 年版。

[29]　匡济编著：《家书中的家风故事》，中国方正出版社 2022 年版。

[30]　淘清澈编著：《名门家训》，哈尔滨出版社 2016 年版。

[31] 张艳国编著：《家训辑览》，武汉大学出版社 2007 年版。

[32] 张衍田译注：《家训粹语集》，上海古籍出版社 2022 年版。

[33] 孔颖、孔令绍：《中国家风·诗礼传家篇》，山东友谊出版社 2023 年版。

[34] 刘小川、刘寅：《三苏家风》，中国青年出版社 2023 年版。

[35] 徐国亮、刘松：《中国传统家教家风的历史嬗变及现代转换》，天津人民出版社 2024 年版。

[36] 贾文胜等：《解构家风密码》，浙江大学出版社 2024 年版。

后记

书稿即将付梓之际，今年第 3 期《求是》杂志发表了习近平总书记的文章《注重家庭，注重家教，注重家风》。习近平总书记指出："广大家庭都要弘扬优良家风，以千千万万家庭的好家风支撑起全社会的好风气。"党校肩负着为党育才、为党献策的重任，要充分发挥中华经典家训的作用，为领导干部树立良好家风提供借鉴，推动党风政风和社会风气建设。

在编撰这部《中华经典家训》的过程中，我们不但为祖国丰富的家训文化所折服，受到强烈的震撼；而且认识到，以我们团队之力要选编一部 20 多万字的中华经典家训，难免会挂一漏万，甚至留下遗珠之憾。

本书的出版得到了各方的大力支持和热心帮助，衷心感谢中共济宁市委党校，感谢中共中央党校的蔡锐华老师，感谢北京华景时代文化传媒的刘雅文老师，感谢中国民主法制出版社的编审老师，感谢所有为本书的出版给予关心帮助的领导、老师、同事、朋友和家人，谢谢你们！

中华家训源远流长，研究方家众多，本书吸收借鉴了众多专家学者的研究成果，在此一并表示感谢。

因能力水平所限，疏漏、错误之处在所难免，恳请专家、读者批评指正。

编　者

2025 年 2 月 21 日于山东济宁